"十四五"职业教育国家规划教材

工业机器人应用基础

主审 程晓琳 李祖华

主编 王海勇 李万宏

航空工业出版社

北京

内 容 提 要

本书共有 6 个项目，主要内容包括认识工业机器人、认识工业机器人的构造、调试工业机器人、认识工业机器人编程、认识工业机器人典型应用、维护与保养工业机器人等。

本书可作为职业院校工业机器人技术专业的教材，也可作为相关工程技术人员的参考用书。

图书在版编目（CIP）数据

工业机器人应用基础 / 王海勇，李万宏主编. -- 北京：航空工业出版社，2024.8(2025.12 重印)
ISBN 978-7-5165-3753-4

Ⅰ. ①工… Ⅱ. ①王… ②李… Ⅲ. ①工业机器人－职业教育－教材 Ⅳ. ①TP242.2

中国国家版本馆 CIP 数据核字(2024)第 108415 号

工业机器人应用基础
Gongye Jiqiren Yingyong Jichu

航空工业出版社出版发行
（北京市朝阳区北苑路 58 号楼 20 层　100012）

发行部电话：010-85672666　010-85672683	读者服务热线：010-85672635
北京市科星印刷有限责任公司印刷	全国各地新华书店经销
2024 年 8 月第 1 版	2025 年 12 月第 2 次印刷
开本：880×1230　1/16	字数：333 千字
印张：11	定价：49.80 元

本书编委会

主　审　程晓琳　李祖华

主　编　王海勇　李万宏

副主编　谭世涛　周　茜　张　毅
　　　　　雷凌峰　魏国祥

参　编　赵　哲　李　丹　徐记呵
　　　　　周云星　刘　波　刘喜荣

QIANYAN 前言

工业机器人的应用水平已成为衡量一个国家制造业发展程度的重要标志。目前，我国制造业正处于转型升级的重要时期，发展以工业机器人为主体的机器人产业，正是破解我国制造业成本上升及环境制约问题的重要途径。

工业机器人广泛应用于工业生产的各大领域，随着物联网和5G技术向各行业的快速渗透，工业机器人的应用领域不断扩展，由此带来了巨大的人才需求。为了培养相关人才，编者根据生产实践的岗位需求，结合本课程的教学特点，精心编写了本书。

本书具有以下几个方面的特色。

1. 素质教育，立德树人

党的二十大报告指出："育人的根本在于立德。"本书积极贯彻党的二十大精神，将素质教育贯穿整个教学过程。本书在项目开头明确了"素质目标"，在项目中间设置了"钢骨匠魂"模块，在项目最后设置了"品于行，创于新"模块，旨在使学生深入领会精益求精、艰苦奋斗、勇于创新的时代精神，激发学生的进取精神、协作精神和爱国热情，从而帮助学生树立正确的世界观、人生观、价值观。

2. 校企合作，工学结合

在编写本书的过程中，编者同多位一线教师和企业专家密切合作，在内容安排上充分考虑了相关岗位对人员的知识要求、技能要求和素质要求，力求使知识学习和岗位需求有机结合。

3. 活页理念，全新形态

为落实教育主管部门相关文件精神，本书采用"活页式理念"进行编写，坚持以应用为主线，在传授学生理论知识的同时，还着力培养学生的专业技能，旨在培养既懂理论又擅实践的高素质人才。

4. 标准现行，课证融通

本书相关内容对接现行的国家标准和行业标准，从而保证了知识点的规范性和时效性。本书理论知识和实训操作对接国家相关职业技能鉴定标准和规范，实现了课程标准与职业资格的融通。

5. 项目驱动，理实一体

本书分为6个项目，每个项目以"项目工单→项目引入→相关知识→项目实训→项目综合考核→项目综合评价"的结构编排内容。

项目工单： 可以辅助学生制订工作计划，并记录实训操作步骤及遇到的问题，体现出"做中学，学中做"的教学理念，有助于培养学生自主学习的意识和能力。

项目引入：通过列举一些实际案例，引出与本项目相关的知识，以激发学生的学习兴趣，达到启发式教学的目的。

相关知识：参考职业院校"工业机器人应用基础"的课程标准，以"必需、够用"为原则，精讲理论，注重应用。

项目实训：以工作岗位所需的知识和技能为出发点设置实训案例，注重培养学生的实践能力，提高学生的技能水平。

项目综合考核：每个项目均设有填空题、选择题、简答题，旨在让学生对所学知识查漏补缺，完善自己的知识体系。

项目综合评价：在每个项目最后均设有学习成果评价表，以便师生对整个项目的学习效果进行评价和总结。

6. 模块丰富，助力学习

本书在正文中设有"小贴士""知识链接""视野拓展""头脑风暴""笔记"等模块。其中，"小贴士"模块可为学生指点迷津，帮助学生更好地理解相关知识；"知识链接""视野拓展"模块可丰富学生的知识面，拓展学生的思维；"头脑风暴"模块可加强课堂互动，提高学生的学习积极性；"笔记"模块可帮助学生整理和归纳重要知识点，提升学生的学习效果。

7. 数字资源，平台辅助

本书配有丰富的数字资源，读者可以借助手机或其他移动设备扫描二维码观看微课视频，也可以登录文旌综合教育平台"文旌课堂"查看和下载本书配套资源，如教学课件、课后习题答案等。读者在学习过程中有任何疑问，都可以登录该平台寻求帮助。

此外，本书还提供了在线题库，支持"教学作业，一键发布"，教师只需要通过微信或"文旌课堂"App 扫描扉页二维码，即可迅速选题、一键发布、智能批改，并查看学生的作业分析报告，提高教学效率、提升教学体验。学生可在线完成作业，巩固所学知识，提高学习效率。

本书在编写过程中，参考了大量的资料并引用了部分文章和图片等。在此，向这些资料的作者表示衷心的感谢！这些引用的资料大部分已获原作者授权，但由于部分资料来自网络，我们未能确认出处，也暂时无法联系到原作者。对此，我们深表歉意，并欢迎原作者随时与我们联系，我们将按规定支付酬劳。

由于编者水平有限，书中难免存在疏漏或不当之处，敬请广大读者批评指正。

🔍 **本书配套资源下载网址和联系方式**

🌐 网址：https://www.wenjingketang.com
📞 电话：400-117-9835
✉ 邮箱：book@wenjingketang.com

目录

项目 1　认识工业机器人 … 1
项目工单——收集工业机器人的相关信息 … 3
项目引入 … 5
1.1　工业机器人概述 … 5
1.1.1　工业机器人的定义 … 5
1.1.2　工业机器人的特点 … 5
1.1.3　工业机器人的发展历程与发展趋势 … 6
1.2　工业机器人的基本组成 … 9
1.2.1　机械部分 … 10
1.2.2　传感部分 … 10
1.2.3　控制部分 … 11
1.3　工业机器人的技术参数 … 11
1.3.1　工作范围 … 11
1.3.2　自由度 … 12
1.3.3　定位精度和重复定位精度 … 12
1.3.4　运动速度 … 12
1.3.5　有效负载 … 13
1.3.6　工业机器人技术参数示例 … 13
1.4　工业机器人的分类 … 14
1.4.1　按机械结构分类 … 14
1.4.2　按坐标形式分类 … 15
1.4.3　按控制方式分类 … 16
项目实训——收集工业机器人的相关信息 … 20
项目综合考核 … 21
项目综合评价 … 22

项目 2　认识工业机器人的构造 ······ 23

项目工单——认识典型工业机器人的机械结构系统 ······ 25

项目引入 ······ 27

2.1　机械结构系统 ······ 27
- 2.1.1　末端执行器 ······ 27
- 2.1.2　腕部 ······ 29
- 2.1.3　臂部 ······ 30
- 2.1.4　腰部和基座 ······ 33

2.2　驱动系统 ······ 34
- 2.2.1　传动机构 ······ 34
- 2.2.2　驱动器 ······ 36

2.3　感知系统 ······ 37
- 2.3.1　感知系统概述 ······ 37
- 2.3.2　内部传感器 ······ 38
- 2.3.3　外部传感器 ······ 41

2.4　机器人-环境交互系统 ······ 44
- 2.4.1　通信接口 ······ 44
- 2.4.2　信息处理与决策模块 ······ 44

2.5　人机交互系统 ······ 44
- 2.5.1　指令给定装置 ······ 44
- 2.5.2　信息显示装置 ······ 45

2.6　控制系统 ······ 45
- 2.6.1　控制系统的组成 ······ 45
- 2.6.2　控制系统的功能 ······ 46

项目实训——认识典型工业机器人的机械结构系统 ······ 48

项目综合考核 ······ 49

项目综合评价 ······ 50

项目 3　调试工业机器人 ······ 51

项目工单——利用示教器手动操纵工业机器人 ······ 53

项目引入 ······ 55

3.1　工业机器人的操作基础 ······ 55
- 3.1.1　示教器的使用 ······ 55
- 3.1.2　手动操纵 ······ 57
- 3.1.3　校准 ······ 64
- 3.1.4　数据备份与恢复 ······ 68

3.2　工业机器人 I/O 通信 ······ 71
- 3.2.1　ABB 工业机器人 I/O 接口概述 ······ 71

  3.2.2 ABB 工业机器人标准 I/O 板 ……………………………………… 71
  3.2.3 定义 I/O 信号 …………………………………………………… 79
 3.3 工业机器人程序数据 ………………………………………………………… 81
  3.3.1 程序数据的定义 ………………………………………………… 81
  3.3.2 程序数据的类型及存储类型 …………………………………… 81
  3.3.3 建立程序数据 …………………………………………………… 82
  3.3.4 三个关键程序数据的设定方法 ………………………………… 82
项目实训——利用示教器手动操纵工业机器人 …………………………………… 87
项目综合考核 ………………………………………………………………………… 89
项目综合评价 ………………………………………………………………………… 90

项目 4 认识工业机器人编程 …………………………………………………… 91

项目工单——建立和运行 RAPID 程序 …………………………………………… 93
项目引入 ……………………………………………………………………………… 95
 4.1 工业机器人编程方式 ……………………………………………………… 95
  4.1.1 在线编程 ………………………………………………………… 95
  4.1.2 离线编程 ………………………………………………………… 96
 4.2 工业机器人编程语言 ……………………………………………………… 98
  4.2.1 AL 语言 ………………………………………………………… 99
  4.2.2 Autopass 语言 ………………………………………………… 100
  4.2.3 VAL 语言 ……………………………………………………… 100
  4.2.4 RAPT 语言 …………………………………………………… 101
  4.2.5 IML 语言 ……………………………………………………… 102
  4.2.6 RAPID 语言 …………………………………………………… 102
 4.3 RAPID 程序及指令 ………………………………………………………… 103
  4.3.1 常用的 RAPID 程序指令 …………………………………… 103
  4.3.2 建立程序模块与例行程序 …………………………………… 109
项目实训——建立和运行 RAPID 程序 …………………………………………… 112
项目综合考核 ……………………………………………………………………… 123
项目综合评价 ……………………………………………………………………… 124

项目 5 认识工业机器人典型应用 ……………………………………………… 125

项目工单——根据实际应用确定工业机器人的硬件组成 ……………………… 127
项目引入 …………………………………………………………………………… 129
 5.1 搬运机器人 ………………………………………………………………… 129
  5.1.1 搬运机器人的工作内容及特点 ……………………………… 129
  5.1.2 搬运机器人的硬件基础 ……………………………………… 130
  5.1.3 搬运机器人的外围设备与布局 ……………………………… 131

5.2 码垛机器人 ··· 132
5.2.1 码垛机器人的工作内容及特点 ·· 132
5.2.2 码垛机器人的硬件基础 ·· 133
5.2.3 码垛机器人的外围设备与布局 ·· 134

5.3 焊接机器人 ··· 135
5.3.1 焊接机器人的工作内容及特点 ·· 135
5.3.2 焊接机器人的硬件基础 ·· 136
5.3.3 焊接机器人的外围设备与布局 ·· 137

5.4 装配机器人 ··· 139
5.4.1 装配机器人的工作内容及特点 ·· 139
5.4.2 装配机器人的硬件基础 ·· 139
5.4.3 装配机器人的外围设备与布局 ·· 141

项目实训——根据实际应用确定工业机器人的硬件组成 ····························· 143
项目综合考核 ·· 145
项目综合评价 ·· 146

项目6 维护与保养工业机器人 ··· 147

项目工单——维护与保养示教器 ·· 149
项目引入 ·· 151

6.1 工业机器人的应用环境要求 ··· 151
6.1.1 工业机器人的应用场景 ·· 151
6.1.2 工业机器人的限制应用环境 ·· 151

6.2 工业机器人的基本安全操作规范 ··· 152
6.2.1 基本安全操作规范 ·· 152
6.2.2 工业机器人的专业培训内容 ·· 152

6.3 工业机器人安全设备的使用规范 ··· 153
6.3.1 安全栅栏的使用规范 ·· 153
6.3.2 安全门与插销的使用规范 ·· 153
6.3.3 其他安全设备的使用规范 ·· 153

6.4 工业机器人的维护与保养规范 ··· 154
6.4.1 维护与保养的要求 ·· 154
6.4.2 程序数据备份的要求 ·· 155
6.4.3 进入安全保护区域维护的步骤 ·· 155
6.4.4 其他维护与保养工作规范 ·· 155

6.5 工业机器人的维护与保养内容 ··· 156
6.5.1 定期检查 ·· 156
6.5.2 清洗末端执行器 ·· 157
6.5.3 清洗腕部 ·· 157

6.5.4 维护与保养基座固定螺钉 ……………………………………………… 157
6.5.5 维护与保养控制器 ………………………………………………………… 157
6.5.6 维护与保养示教器 ………………………………………………………… 158
6.5.7 清洗或更换滤布 …………………………………………………………… 158
6.5.8 更换润滑油 ………………………………………………………………… 158
6.5.9 更换电池 …………………………………………………………………… 159
6.5.10 检查冷却器 ……………………………………………………………… 159
项目实训——维护与保养示教器 ……………………………………………………… 160
项目综合考核 …………………………………………………………………………… 161
项目综合评价 …………………………………………………………………………… 162

参考文献 …………………………………………………………………… 163

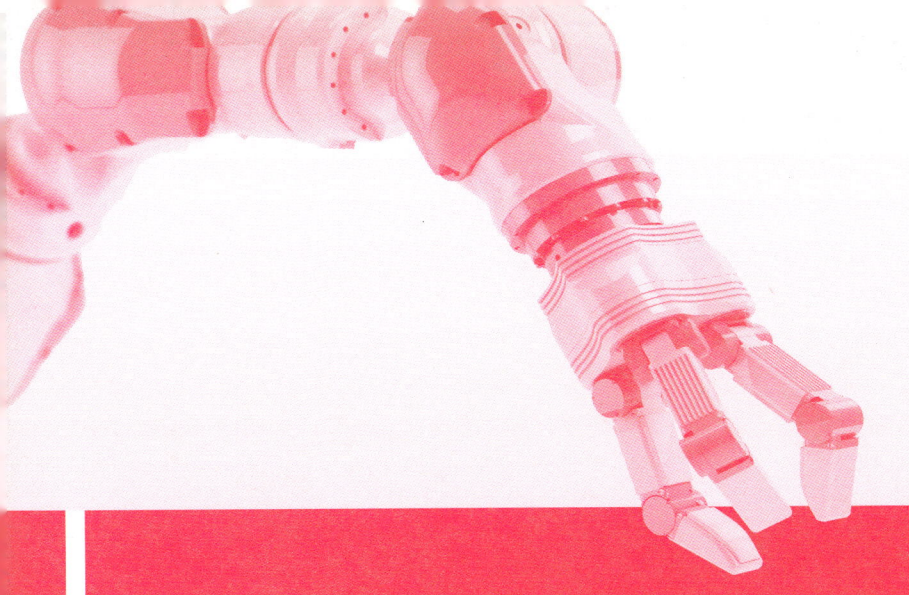

项目 1
认识工业机器人

项目导读

我们在日常生活中随处可见机器人的身影,如餐厅里的送餐机器人、酒店里的送物机器人、辅助儿童学习的早教机器人、曾在春节联欢晚会上表演的阿尔法机器人等。那么工业机器人的样子你见过吗?它与我们日常所熟知的机器人相比,有哪些特殊的地方?它们又是如何发展成现在样子的呢?

知识目标

- ◆ 掌握工业机器人的定义及特点。
- ◆ 了解工业机器人的发展历程与发展趋势。
- ◆ 掌握工业机器人的基本组成及技术参数。
- ◆ 了解工业机器人的分类。

技能目标

- ◆ 能够指出工业机器人各组成部分。
- ◆ 能够收集工业机器人的相关信息。

素质目标

- ◆ 具备国家荣誉感和社会责任感。
- ◆ 培养勤学好问的学习态度。

项目工单——收集工业机器人的相关信息

1. 项目描述

本项目要求学生以小组为单位进行不同种类和品牌工业机器人的信息收集,并将收集到的信息记录下来,制作成 PPT 在课堂上进行展示。

2. 小组分工

学生以 3~5 人为一组,选出组长并进行小组分工,将小组概况及分工填入表 1-1 中。

表 1-1　小组概况及分工

小组成员	姓名	学号	分工
组长			
组员			

3. 小组讨论

在开展活动前,请各组组长组织组员学习相关资料,讨论下列引导问题。

引导问题 1:工业机器人常应用在哪些领域?

引导问题 2:市面上有哪些常见的工业机器人品牌?

引导问题 3:工业机器人的工作能力可以体现在哪些方面?

4. 工作记录

以小组为单位进行相关知识的学习，收集不同品牌和型号工业机器人的类型、功能、技术参数等相关信息。学生可通过项目实训"收集工业机器人的相关信息"来巩固自己所学的知识，并将实训内容、实训过程中遇到的问题和解决办法记录在表 1-2 中。

表 1-2 工作记录表

序号	实训内容	实训过程中遇到的问题和解决办法

项目引入

某家具企业成立于 2008 年,其位于广州的工厂在 2017 年的生产效率比成立初期提高了 317%,雇佣的员工减少了 26.7%。目前,该工厂一天能够处理约 5 000 个订单,产能达到每天 15 万件,年产值约 40 亿元。该家具企业的年产值如此之大,其中的秘密是什么呢?

原来,该家具企业的生产线安装了大量的工业机器人。在过去,生产家具时的钻孔、喷涂是非常危险且影响员工健康的工作。而现在,只要通过工业机器人将原材料运至工厂,再由工业机器人完成生产,并将成品装入准备出口的集装箱,企业就可以在拥有少量员工的情况下将生产效率提升好几倍。

由此可以看出,工业机器人的诞生和发展无疑为工业的快速发展提供了更多的机会。本项目将从工业机器人的特点和发展、基本组成、技术参数、分类等方面带领大家认识工业机器人。

1.1 工业机器人概述

1.1.1 工业机器人的定义

工业机器人最早的定义为"用来搬运机械部件或工件的、可编程序的多功能操作器,或通过改变程序可以完成各种工作的特殊机械装置"。目前,工业机器人是指面向工业领域的多关节机械手或多自由度的机器人。工业机器人可以接受人工指挥运行,也可以按照预先编制的程序运行。

1.1.2 工业机器人的特点

工业机器人具有可编程、拟人化、通用性、涉及学科广泛等特点。

1. 可编程

工业机器人可根据其工作环境的需要进行编程。因此,它在小批量、多品种、均衡、高效的柔性制造过程中能发挥很好的作用,是柔性制造系统的一个重要组成部分。

> **知识链接**
>
> 柔性制造系统是指由统一的信息控制系统、物料储运系统和数台数控设备组成的,能适应加工对象变换的智能自动化机电制造系统。

2. 拟人化

工业机器人在机械结构上有类似人的行走机构（腿脚）、大臂、小臂、腕部、末端执行器（手爪）等部分，并通过类似人脑的电脑来控制其运动。此外，很多工业机器人还配有传感器，如接触觉传感器、力觉传感器、负载传感器、视觉传感器、声音传感器等，这些传感器提高了工业机器人对周围环境的适应能力。

3. 通用性

除了专门设计的专用工业机器人外，一般工业机器人均具有较好的通用性，在执行不同的作业任务时只需要更换其末端执行器便可。

4. 涉及学科广泛

工业机器人涉及的学科非常广泛，这些学科归纳起来主要包括机械学及微电子学等。工业机器人使用的各类传感器，以及所具备的记忆能力、语言理解能力、图像识别能力、推理判断能力等，都离不开微电子技术（特别是计算机技术）的应用。因此，工业机器人的发展必将带动相关技术的发展，工业机器人的发展和应用水平也可以体现一个国家科学技术和工业技术的发展水平。

> 笔记

1.1.3 工业机器人的发展历程与发展趋势

1. 工业机器人的发展历程

总的来讲，工业机器人的发展历程可以分为 4 个阶段：萌芽阶段、初级阶段、迅速发展阶段、智能化阶段。

1) 萌芽阶段（20 世纪 40—50 年代）

1954 年，发明家德沃尔给出了工业机器人的定义，并申请了相关专利。

1959 年，Unimation 公司制造出世界上第一台真正实用的工业机器人——Unimate 机器人（见图 1-1），Unimate 的意思是"万能自动"。这标志着工业机器人的历史真正拉开了帷幕。

2）初级阶段（20世纪60—70年代）

1961年，Unimation公司为通用汽车公司的汽车生产线安装了第一台用于生产的工业机器人，它主要用于生产门窗把手、换挡旋钮、灯具及其他汽车内饰用五金件。

1962年，美国机械与铸造公司制造出了沃尔萨特兰机器人，其意思是"万能搬动"。

1967年，Unimate机器人被引入欧洲。

1969年，Unimation公司与川崎重工签署了一项许可协议，开始为亚洲市场生产和销售Unimate机器人。

1971年，世界上第一个国家机器人协会——日本机器人协会成立。

1978年，Unimation公司推出了可编程通用工业机器人PUMA，并将其应用于通用汽车公司的汽车装配线，这标志着工业机器人技术日趋成熟。同年，日本山梨大学牧野洋发明了SCARA工业机器人（见图1-2），该工业机器人具有4个自由度（4个轴），特别适合装配工作，如今被广泛应用于汽车工业、电子产品工业、药品工业和食品工业等领域。

SCARA工业机器人

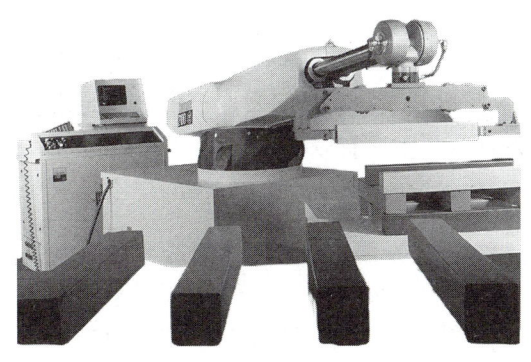

图1-1　Unimate机器人

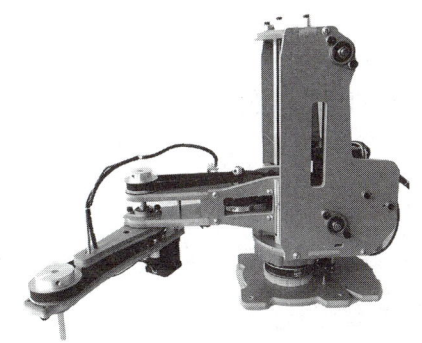

图1-2　SCARA工业机器人

3）迅速发展阶段（20世纪80—90年代）

随着电子技术、传感器技术和计算机技术的迅速发展，工业机器人开始具备感知、反馈能力，并逐渐在工业生产中得到更广泛的应用。与此同时，工业机器人控制系统的发展也开始了质的飞跃。

1981年，通用汽车公司第一次将机器视觉系统成功地应用在了某种恶劣的制造环境中，并利用三台工业机器人以1 400个/h的速度分拣出6种不同的铸件。

1985年，工业机器人被列入我国"七五"科技攻关计划，研究目标锁定在工业机器人基础技术研究，基础器件开发，以及搬运机器人、喷涂机器人和焊接机器人的开发研究等方面。同年，上海交通大学机器人研究所推出了"上海一号"弧焊机器人，这是我国自主研制的第一台具有6个自由度的机器人。

1992年，ABB公司推出开放式控制系统——S4。它旨在改善对用户至关重要的两个方面——人机界面和机器人技术性能。

1994年，莫托曼公司（即现在的安川电机）推出机器人控制系统，使同步控制两台机器人成为可能。

4）智能化阶段（21世纪初至今）

进入21世纪后，随着大数据与人工智能技术的发展，众多机器人制造企业开始研制具有逻辑思维、决策能力及自主学习能力的智能工业机器人。

2011年，FANUC公司的R-1000iA机器人利用LVC（学习减振装置）对机器人的运动轨迹加以优化，减小了振动，将动作周期缩短约20%，从而使其实现了更高速的动作。

2018年，FANUC公司与首选网络公司合作，首次将人工智能应用于工业机器人拾取和热位移补偿等功能上。

2022年，我国推出国内首台具有20 t承载能力的AGV（自动导向车）驱动单元，此驱动单元可用于航天、高压容器、大型基建工程、模块化建筑工程等领域。

视野拓展

2022年12月2日，ABB机器人超级工厂在上海市浦东新区正式落成投产。这座超级工厂是ABB公司在全球所建规模最大的机器人研发、生产和应用基地，它具有数字化、智能化和低碳化三大特点，相比其他机器人工厂和研发中心，它更先进、自动化程度更高、柔性化程度也更高。超级工厂内的全球研发中心采用开放协作模式，未来将加速在人工智能、数字化和软件方面的创新，进一步挖掘机器人在物流、医疗健康、可穿戴智能设备等领域的应用潜力。

2. 工业机器人的发展趋势

工业机器人自问世以来，从简单工业机器人到智能工业机器人，其技术发展已取得长足进步。从近几年的社会、经济、技术发展方向来看，工业机器人的发展趋势主要有以下几个。

1）高性能化和低成本化

工业机器人正向高速度、高精度、高可靠性、轻便化等方向发展，且随着各项技术的普及，单机价格将会不断下降。

2）智能化

随着人工智能技术的发展，工业机器人未来会更加智能，其智能化发展方向包括人机协作和自主决策等。

3）机械结构模块化及可重构化

目前，工业机器人关节模块中的伺服电动机、减速机、检测系统已实现三位一体化。同时，关节模块、连杆模块可通过重组方式构造工业机器人整机。目前已有模块化装配的工业机器人问世，这样的工业机器人将来会越来越多。

4）控制系统的开放化

工业机器人的控制系统向基于计算机的开放型控制器方向发展，便于标准化、网络化，提高了器件集成度，并可缩小控制柜体积。

5）多传感器融合技术的实用化

工业机器人传感器的作用日益重要，除了安装传统的位置传感器、速度传感器、加速度传感器以外，装配、焊接机器人还应用了视觉传感器、力觉传感器等，而遥控机器人则采用视觉、声音、力觉、接触觉多传感器融合技术来进行环境建模及决策控制。多传感器融合技术在产品化系统中将会有更广泛的应用。

6）多智能体协调控制技术的创新化

多智能体协调控制技术是目前工业机器人技术中的一个崭新技术，主要针对多机器人协作与通信、多智能体的群体体系结构、相互间的通信与磋商机理、感知与学习方法、建模与规划、群体行为控制等方面进行研究。

视野拓展

国外的工业机器人起步较早，目前最为著名的工业机器人企业有瑞士的 ABB、德国的 KUKA、日本的 FANUC 和安川电机，它们并称为工业机器人"四大家族"。我国虽然起步晚，但在工业机器人领域也有着迅猛发展，国内较为著名的企业有新松、埃斯顿、埃夫特、广州数控，它们并称为国产工业机器人"四小龙"。

1.2 工业机器人的基本组成

虽然工业机器人的工作方式和工作环境不一样，但它们的基本组成却是一样的。工业机器人主要由机械部分、传感部分和控制部分（共含 6 个子系统）组成，具体如下。

> **机械部分**：用于实现各种动作，包括机械结构系统和驱动系统。
> **传感部分**：用于感知内部和外部信息，包括感知系统和机器人-环境交互系统。
> **控制部分**：用于控制工业机器人完成各种动作，包括人机交互系统和控制系统。

工业机器人的基本组成

工业机器人 6 个子系统的关系及其与工作对象的关系如图 1-3 所示。

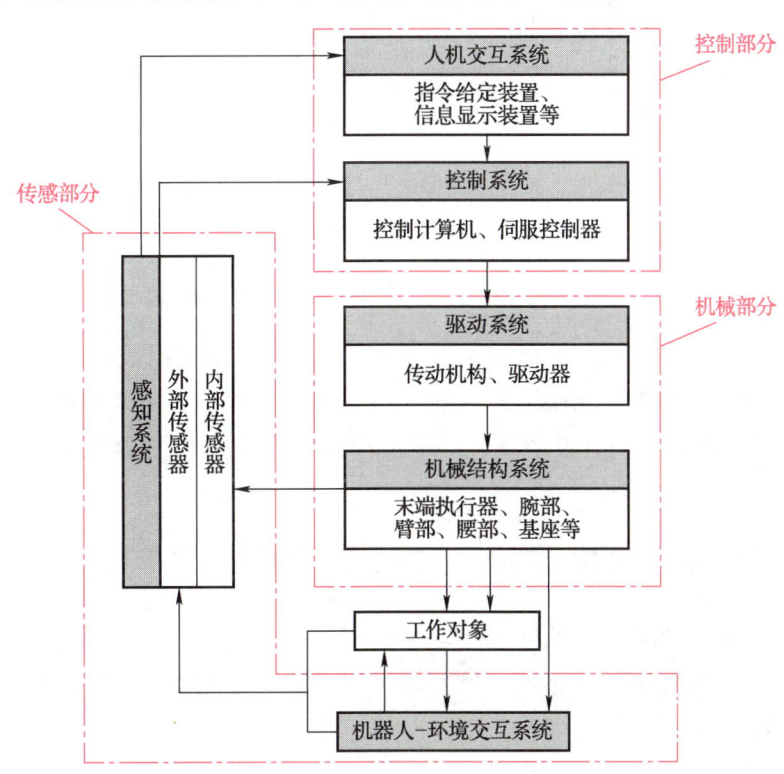

图 1-3 工业机器人 6 个子系统的关系及其与工作对象的关系

1.2.1 机械部分

1. 机械结构系统

机械结构系统又称为执行机构,它是完成工作任务的实体,通常由杆件和关节组成。机械结构系统包括末端执行器、腕部、臂部、腰部和基座等,如图1-4所示。

2. 驱动系统

驱动系统包括传动机构和驱动器两部分,它们通常安装在工业机器人的关节部位,如图1-4所示。

传动机构通常包括连杆机构、滚珠丝杠、齿轮系、链、带、谐波减速器和RV减速器等。驱动器的驱动方式通常有电动驱动、液压驱动和气动驱动三种。

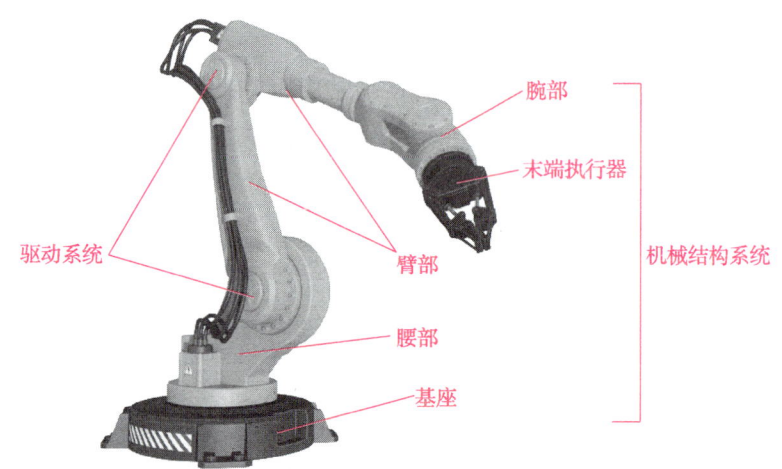

图1-4 工业机器人的机械部分

1.2.2 传感部分

1. 感知系统

感知系统包括内部传感器和外部传感器两部分。内部传感器的作用是检测机械结构系统的运动情况,并根据需要将检测结果反馈给控制系统。控制系统将检测结果与设定值进行比较后,可对机械结构系统进行调整,从而保证其动作符合设计要求。外部传感器则检测工业机器人的所处环境、外部物体状态或工业机器人与外部物体的关系等。

2. 机器人-环境交互系统

机器人-环境交互系统是指实现工业机器人与外部环境设备相互联系和协调的系统。工业机器人可与外部环境设备集成为一个功能单元,如加工制造单元、焊接单元、装配单元等。多台工业机器人也可以集成为一个执行复杂任务的功能单元。

1.2.3 控制部分

1. 人机交互系统

人机交互系统是指使操作人员参与工业机器人控制，并与工业机器人进行联系的装置，包括计算机的标准终端、信息显示板、指令控制台、危险信号报警器等。该系统归纳起来可分为指令给定装置和信息显示装置两大类。

2. 控制系统

控制系统一般由控制计算机和伺服控制器组成。控制计算机不仅要发出指令，协调各关节驱动器之间的运动，还要完成编程示教及再现，以及在各种环境状态下、工艺要求下及外部环境设备（如电焊机）之间传递信息和协调工作。伺服控制器控制各关节驱动器，使各臂杆按一定的速度、加速度和位置要求进行运动。

1.3 工业机器人的技术参数

技术参数是各工业机器人生产商在供货时所提供的技术数据，主要包括工业机器人的工作范围、自由度、定位精度、重复定位精度、运动速度和有效负载等。

1.3.1 工作范围

工作范围又称为工作区域，是指工业机器人臂杆的特定部位在一定条件下所能到达的位置集合。工作范围的形状和大小反映了工业机器人工作能力的大小。工业机器人的工作范围常用其可达半径（臂杆可到达的最远距离）简单进行表示，其产品说明书中往往会包含对工作范围的详细说明及图示。理解工业机器人的工作范围时，要注意以下几点。

工业机器人的技术参数

（1）产品说明书中的工作范围通常是指末端执行器上机械接口坐标系的原点在空间所能到达的范围，即末端执行器端部法兰的中心点在空间所能到达的范围。

（2）产品说明书中的工作范围往往小于运动学意义上的最大空间。这是因为在可达空间中，当臂杆位置或姿势不同时，其允许的有效负载、最大速度等参数都不一样；当臂杆处于工作范围的最大位置时，其允许的各项参数极限值通常要比其他位置的小一些，这样一来臂杆就无法到达运动学意义上的最大空间。此外，工业机器人在臂杆最大可达空间边界上可能存在自由度退化的问题，这部分工作范围在工业机器人工作时是不能被利用的。

（3）实际应用中的工业机器人由于受机械结构系统的限制，在工作范围内也可能存在臂杆不能到达的区域，这类区域称为空洞或空腔。

1.3.2 自由度

自由度是指用来表示工业机器人动作灵活程度的技术参数，一般以沿轴线移动及绕轴线转动的独立运动的数目来表示。

工业机器人一般为开式连杆系，每个关节运动副（轴）只有一个自由度，因此一般工业机器人的自由度数目就等于其关节数目（轴数目）。工业机器人的自由度数目越多，功能就越强。目前工业机器人通常具有4~6个自由度，其中又以具有6个自由度的工业机器人应用最为广泛。

6个自由度是使工业机器人具有完成空间定位能力的最小自由度数目，当自由度数目超过6个时，便出现了冗余自由度，这样的工业机器人统称为冗余自由度工业机器人。冗余自由度工业机器人在避障、灵活性和容错性等方面更有优势，能够面对较复杂的工作环境和多变的作业需求，但其控制也会更加复杂。

头脑风暴

> 工业机器人的自由度数目越多，功能就越强。但在高速、高重复性的包装工序中，为什么一般会选用具有4个自由度的工业机器人，而不选用更灵活的具有6个自由度的工业机器人？

1.3.3 定位精度和重复定位精度

定位精度是指工业机器人的末端执行器实际到达的位置与目标位置之间的差异，如图1-5所示。重复定位精度是指工业机器人的末端执行器重复定位于同一目标位置的能力，可以用标准偏差来表示。重复定位精度常用于衡量误差值的密集度（即重复度），如图1-6所示。

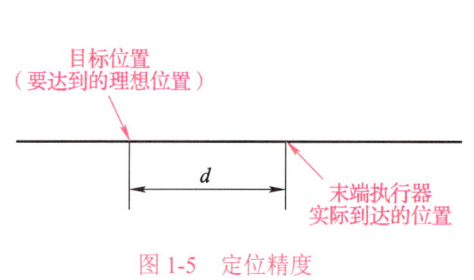

图1-5 定位精度

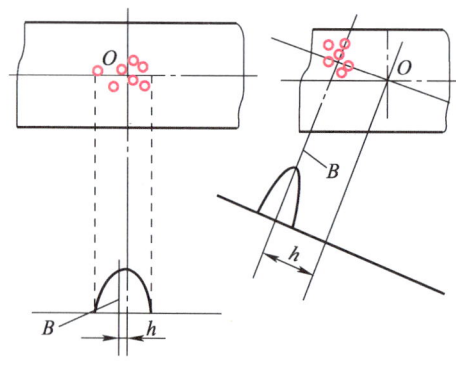

图1-6 重复定位精度

1.3.4 运动速度

运动速度会影响工业机器人的工作效率和运动周期，它与工业机器人所承受的动载荷、惯性力和定位精度等均有密切的关系。运动速度提高，工业机器人所承受的动载荷会增大，加减速时所承受的惯性力也会增大，这会影响工业机器人的工作平稳性和定位精度。

就目前的技术水平而言，普通工业机器人的最大直线运动速度一般不超过1 000 mm/s，最大回转速度一般不超过120（°）/s。一般情况下，生产商会在技术参数中标明出厂工业机器人的最大运动速度。

1.3.5 有效负载

有效负载是指工业机器人的机械结构系统在工作时末端执行器可搬运的物体重量或所能承受的力或力矩,用以表示机械结构系统的负载能力。若工业机器人将目标工件从一个工位搬运到另一个工位,则其实际的负载为工件的重量与末端执行器的重量之和。

> **头脑风暴**
>
> 当工业机器人在工作范围内的不同位置时,其实际负载能力会有差异吗?

1.3.6 工业机器人技术参数示例

如表 1-3 所示为 ABB 公司 IRB 1100-4/0.475 型工业机器人的部分技术参数。

表 1-3 ABB 公司 IRB 1100-4/0.475 型工业机器人的部分技术参数

型号	IRB 1100-4/0.475	工作范围	0.475 m
有效负载	4 kg	机械臂负载	0.5 kg
自由度(轴数目)	6	重复定位精度	±0.08 mm
安装方式	任意角度	防护等级	IP40
集成信号	手腕 1 上 8 路信号	控制器	OmniCore
集成以太网	1 Gbit/s 端口	集成气源	外臂上 4 路气源
重量	20.5 kg	基座尺寸	160 mm×160 mm
轴运动	工作范围		轴最大速度
Axis1 旋转	+230°至−230°		460(°)/s
Axis2 手臂	+113°至−115°		380(°)/s
Axis3 手臂	+55°至−205°		280(°)/s
Axis4 手腕	+230°至−230°		560(°)/s
Axis5 弯曲	+120°至−125°		420(°)/s
Axis6 翻转	+400°至−400°		750(°)/s
工作范围图示			

1.4 工业机器人的分类

工业机器人的分类方式有很多，包括按机械结构分类、按坐标形式分类、按控制方式分类等，具体如下。

1.4.1 按机械结构分类

工业机器人的分类

按机械结构的不同，工业机器人可分为串联机器人和并联机器人。

1. 串联机器人

串联机器人（见图1-7）是由一系列连杆通过移动轴或转动轴串联组成的，其一个轴的运动会改变另一个轴的坐标原点。串联机器人通过控制系统的控制，可实现复杂的空间作业运动。串联机器人具有结构简单、易于控制、成本低、自由度高、运动空间大等特点，是当前应用最多的工业机器人。

2. 并联机器人

并联机器人（见图1-8）是指动平台和定平台通过至少两个独立的运动链相连，具有两个或两个以上的自由度，以并联方式驱动的闭环机器人。对于并联机器人所采用的并联结构，其一个轴的运动不会改变另一个轴的坐标原点。并联机器人具有刚度大、结构稳定等特点，非常适合高速度、高精度或高负载的场合。

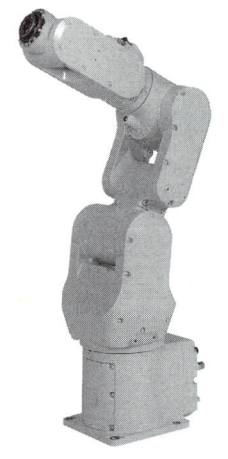

图1-7 串联机器人

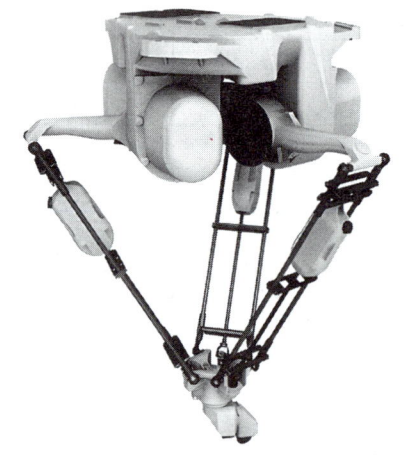

图1-8 并联机器人

知识链接

将串联机器人和并联机器人有机结合起来的工业机器人，称为混联机器人。混联机器人既有并联机器人刚度大的优点，又有串联机器人工作范围大的优点，因此进一步扩大了工业机器人的应用范围。

1.4.2 按坐标形式分类

坐标形式反映的是工业机器人在空间的运动情况（运动空间）。按坐标形式的不同，工业机器人可分为直角坐标机器人、圆柱坐标机器人、球坐标机器人和多关节机器人等。

1. 直角坐标机器人

直角坐标机器人是指在工业应用中，能够实现自动控制的、可重复编程的、空间上具有相互垂直关系且具有三个独立自由度的多用途机器人，其外形及运动空间如图1-9所示。

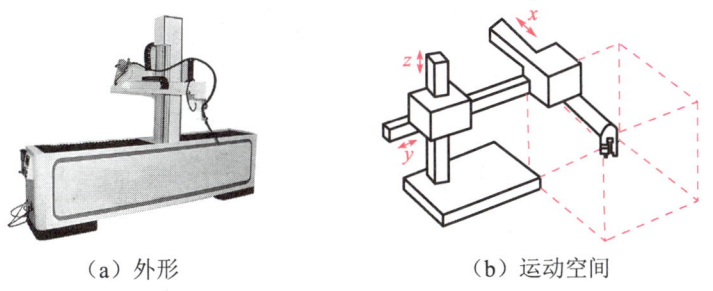

（a）外形　　　　　　　　　（b）运动空间

图1-9　直角坐标机器人

直角坐标机器人易于控制，且其空间轨迹易于求解，但是其灵活性较差，自身占据空间较大。目前，直角坐标机器人普遍应用于各种自动化生产线中，可以完成搬运、上下料、包装、码垛、分类、装配、焊接、喷涂等一系列工作。

2. 圆柱坐标机器人

圆柱坐标机器人是指运动空间采用圆柱坐标形式的工业机器人，它主要由一个旋转基座形成的回转关节、两个水平和垂直移动的移动关节构成，其外形及运动空间如图1-10所示。

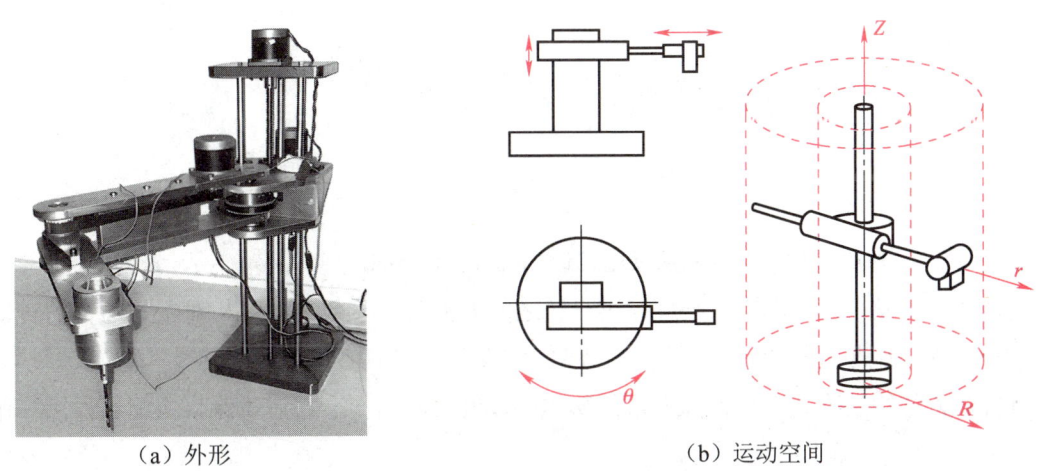

（a）外形　　　　　　　　　（b）运动空间

图1-10　圆柱坐标机器人

圆柱坐标机器人具有占地面积小、工作范围大、末端执行器速度快、易于控制、运动灵活等优点，其缺点是空间利用率低。圆柱坐标机器人主要用于重物的装卸、搬运等工作。

3. 球坐标机器人

球坐标机器人一般由两个回转关节和一个移动关节构成，其轴线按极坐标配置，R 为移动坐标，β 为臂杆在铅垂面内的摆动角，θ 为绕臂杆支撑底座垂直轴的转动角。球坐标机器人的运动空间为半球面，如图 1-11 所示。

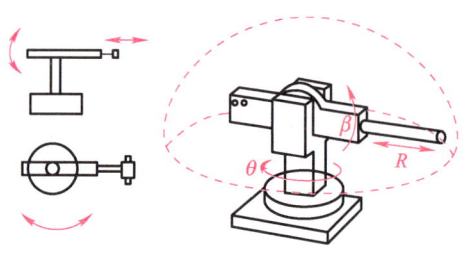

图 1-11　球坐标机器人的运动空间

球坐标机器人具有占用空间小、操作灵活、工作范围大等优点，但是其运动学模型较复杂，难以控制。

4. 多关节机器人

多关节机器人又称为关节手臂机器人或关节机械手臂，是当今工业领域最常见的工业机器人，适合诸多工业领域的机械自动化作业。多关节机器人的摆动方向主要有铅垂方向和水平方向两种，因此这类工业机器人又分为垂直多关节机器人（见图 1-12）和水平多关节机器人（见图 1-13）。

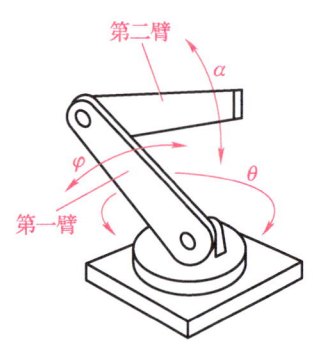 

图 1-12　垂直多关节机器人　　　　图 1-13　水平多关节机器人

如图 1-12 所示，垂直多关节机器人是以相邻运动部件之间的相对角位移 θ、α、φ 为坐标。其中，θ 是基座绕铅垂轴的转动角，φ 是基座水平线与第一臂之间的夹角，α 是第二臂相对于第一臂的转动角。水平多关节机器人可以看成垂直多关节机器人的特例，此处不再赘述。

多关节机器人结构紧凑、工作范围大，其动作最接近人的动作，它对喷涂、装配、焊接等作业具有良好的适应性，因此应用范围十分广泛。

1.4.3　按控制方式分类

按控制方式的不同，工业机器人可分为伺服控制机器人和非伺服控制机器人两种。

1. 伺服控制机器人

伺服控制机器人的控制方式可分为连续控制和点位（点到点）控制两种。无论哪种控制方式，都要对位置和速度进行连续监测，并将监测结果反馈到与各轴有关的控制系统中，因此各轴都是闭环控制。闭环控制的应用，使工业机器人的部件能够按照指令移动到各轴行程范围内的任何位置。

伺服控制机器人具有以下几个特点。

（1）记忆存储容量较大。

（2）价格贵，可靠性稍差。

（3）末端执行器端部可按三种不同类型的运动方式移动，即点到点移动、直线移动和连续轨迹移动。

（4）在机械允许的极限范围内，可通过调节伺服回路中相应放大器的增益来改变定位精度。

（5）一般以示教模式进行编程。

（6）一般可在小型或微型计算机控制下自动进行几个轴之间的"协同运动"。

2. 非伺服控制机器人

从控制的角度看，非伺服控制是最简单的控制形式。非伺服控制机器人又称为端点机器人或开关式机器人。非伺服控制机器人的每个轴只有两个位置，即起始位置和终止位置。轴开始运动后会一直保持运动，只有碰到适当的定位挡块才会停止运动，运动过程中没有监测。因此，这类工业机器人处于开环控制状态。

非伺服控制机器人具有以下几个特点。

（1）臂部的尺寸小且轴的驱动器施加的是满动力，速度较快。

（2）价格低廉，工作稳定，易于操作和维修。

（3）重复定位精度高，即工作时返回同一点的能力强。

（4）在定位和编程方面灵活性有限。

笔记

头脑风暴

辨识工业机器人

工业机器人能够在工业生产中代替人完成某些单调、重复的长时间作业，以及危险、恶劣环境下的作业。例如，在冲压、压力铸造、热处理、焊接、涂装、塑料制品成形、机械加工和简单装配等工序上，工业机器人能代替人完成相应操作。工业机器人种类繁多，用途也有所不同。仔细观察图1-14中的工业机器人示例，分析它们各自有什么特点，属于哪种类型，以及它们适用于哪些领域。

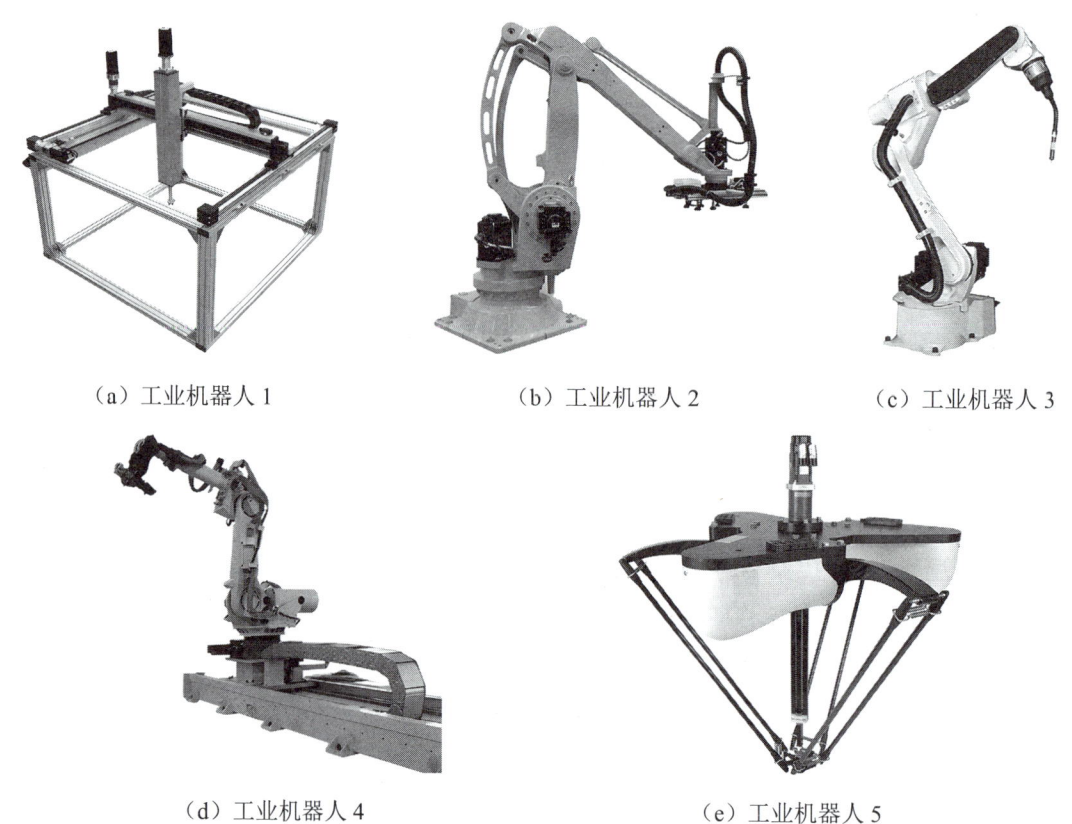

（a）工业机器人1　　（b）工业机器人2　　（c）工业机器人3

（d）工业机器人4　　（e）工业机器人5

图1-14　工业机器人示例

品于行，创于新

焊接机器人的"最强大脑"

在浙江某工业机器人公司，焊接工程师王洋的工作围绕着"调试、测试、再调整"展开。与传统焊接工序不同，王洋只需在人机界面输入指令，就能指挥机械臂执行焊接任务。工业机器人的手，早已"伸"到了焊接领域，而王洋正是实践者与见证者。

王洋初加入公司时，作为团队中最年轻的成员，他参与设计研发了工业机器人的弧焊功能包、焊接工艺、焊机焊枪的选型，以及其他功能的开发测试等多项工作。

王洋翻出一本笔记本，上面密密麻麻地记录着试错过程。他说："在忙碌的工作中，我常常忘记时间的流逝，特别是在焊接机器人即将推向市场的关键时刻，我经常加班到晚上10点甚至凌晨。这段时间里，我反复进行测试，不断调整和优化，只为确保焊接机器人能够达到上市的标准。"经过不懈的努力，终于成功地将首批焊接机器人推向了市场。

作为焊接机器人的"最强大脑"，王洋现在主要负责末端应用及售后服务等工作。"研发是一个从0到1的工作，根据客户的不同需求，如产品的特性、定制功能等，我们需要搭建应用场景，设计出最佳的焊接工艺参数和方案。"面对扩大的客户群和重复的产品需求，王洋计划着开发高需求、高复用性的功能及解决方案，高效满足客户的共性需求。

现在技术迭代太快，每天需要不断地学习来适应。在不宽裕的业余时间里，王洋仍坚持带头攻坚，阅读专业文献，了解国内外工业机器人的控制系统，拓宽视野，不断提升自己的技术水平。从业十余年，王洋通过日复一日的钻研与实践，书写着属于自己的"智"造篇章。他说："工艺是相通的，从人到机的转变不仅是技术的迭代，更是知识与经验的传承。"

王洋深知国内市场对焊接机器人相关的技能型人才的需求有多大，在完成自己的本职工作以外，他也会带徒弟、做培训。"我们问什么，师傅教什么，师傅是毫无保留的。"王洋的第一位徒弟陈少波说。

如今，王洋正带领着一批批零基础或非焊接专业的年轻人入门工业机器人行业。王洋认为，让徒弟们充分掌握传统焊接技术，在此基础上利用数字思维进行创新应用，是培养未来焊接机器人领域卓越人才的关键所在。

（资料来源：邹倜然，《焊接机器人的"最强大脑"》，《工人日报》2024年5月9日）

项目实训——收集工业机器人的相关信息

通过本项目的学习，相信大家对工业机器人已有了初步认识。这里列举了一些不同品牌和型号工业机器人的相关信息，具体如表1-4所示。

表1-4 不同品牌和型号工业机器人的相关信息

序号	品牌	型号	类型	功能	部分技术参数
1	ABB	IRB 460	多关节机器人	码垛、拆垛、搬运物料等	工作范围：2 400 mm 自由度：4 有效负载：110 kg
2	ABB	IRB 365	并联机器人	包装、搬运和整理瓶装物品、3D拾取、供料、边缘放置、搬运和分拣小包裹等	工作范围：1 100 mm 自由度：5 有效负载：1.5 kg
3	FANUC	M-900iB/400L	串联机器人	搬运大型结构件和汽车车身等	工作范围：3 704 mm 自由度：6 有效负载：400 kg
4	KUKA	KR DELTA	并联机器人	包装和搬运食品、药品等，电子产品安装等	工作范围：1 200 mm 自由度：4 有效负载：3 kg
5	广州数控	GSK RMD300	伺服控制机器人	食品、化工等领域的码垛、拆垛、搬运、冲压、上下料等	工作范围：3 150 mm 自由度：4 有效负载：300 kg 重复定位精度：±0.1 mm
6	新松	SR500A-500/2.52	串联机器人	拧紧、搬运、装配组装、焊接、上下料、喷涂等	工作范围：2 525 mm 自由度：6 有效负载：500 kg 重复定位精度：±0.1 mm
7	博诺	BN-R223	多关节机器人（智能复合机器人）	抓取小型物品、搬运物料等	自由度：6 有效负载：5 kg

 实训拓展

请大家查找并列举其他不同品牌和型号的工业机器人，并收集它们的类型、功能、部分技术参数等相关信息。

项目综合考核

1．填空题

（1）目前，工业机器人是指面向工业领域的多关节机械手或多_____的机器人。

（2）工业机器人的三大组成部分包括_____、_____、_____。

（3）工作范围又称为工作区域，是指工业机器人臂杆的特定部位在一定条件下所能到达的_____。

（4）按机械结构的不同，工业机器人可分为_____机器人和_____机器人。

2．选择题

（1）工业机器人的特点是（　　）。

① 可编程；② 拟人化；③ 通用性；④ 涉及学科广泛。

A．①③　　　　B．①②③　　　　C．①②④　　　　D．①②③④

（2）按坐标形式的不同，工业机器人可分为（　　）。

① 直角坐标机器人；② 球坐标机器人；③ 圆柱坐标机器人；④ 多关节机器人。

A．①②　　　　B．②③　　　　C．①②③　　　　D．①②③④

（3）下列选项中，（　　）属于工业机器人的6个子系统。

① 固定系统；② 机械结构系统；③ 驱动系统；④ 外围设备；⑤ 人机交互系统；⑥ 机器人-机器人交互系统。

A．①②③　　　　B．①②⑤　　　　C．②③⑤　　　　D．①④⑤

3．简答题

（1）工业机器人的自由度是什么？

（2）按控制方式的不同，工业机器人可分为哪几类？各有什么特点？

（3）什么是工业机器人的有效负载？

项目综合评价

各小组成员配合指导教师完成如表 1-5 所示的学习成果评价表。

表 1-5　学习成果评价表

班级		组号		日期	
姓名		学号		指导教师	
项目名称			认识工业机器人		
评价项目	评价内容		评价方式	满分/分	评分/分
知识 （40%）	掌握工业机器人的定义及特点		理论测试	12	
	了解工业机器人的发展历程与发展趋势			8	
	掌握工业机器人的基本组成及技术参数			12	
	了解工业机器人的分类			8	
技能 （40%）	能够指出工业机器人各组成部分		实践操作	20	
	能够收集工业机器人的相关信息			20	
素质 （20%）	积极参加教学活动，主动学习、思考、讨论		综合评判	6	
	认真负责，按时完成学习、实践任务			4	
	团结协作，与组员之间密切配合			4	
	服从指挥，遵守课堂纪律			4	
	守正创新，自信自强			2	
合计				100	
自我评价					
指导教师评价					

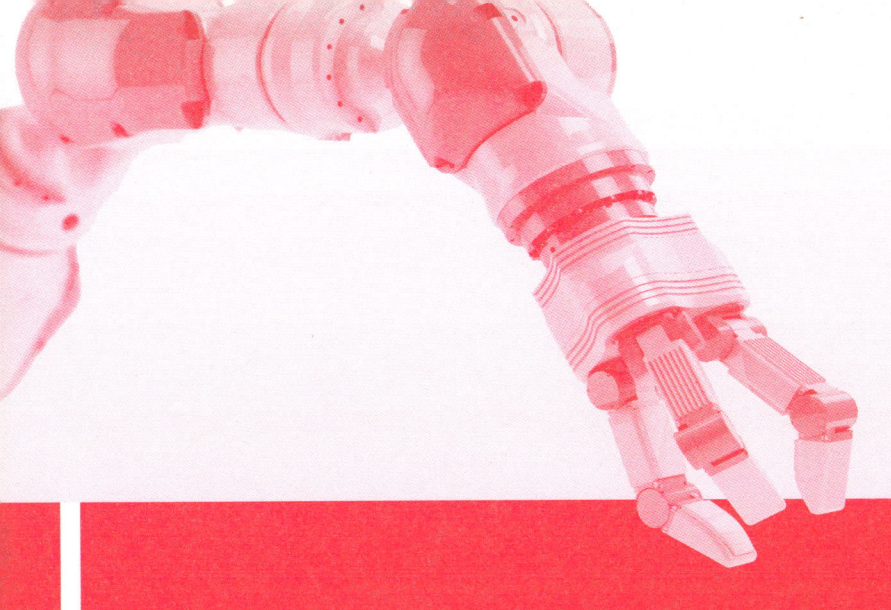

项目 2
认识工业机器人的构造

项目导读

说到机器人,我们往往首先联想到的是那些具备人类形态、拟人化的机器人。但事实上,除特定场所中的服务机器人外,大多数机器人并不具备基本的人类形态,而是以机械手臂的形式存在,这种特点在工业机器人中体现得尤为明显。

那么,工业机器人是由哪些部分组成的?它们又是如何感知外界信息并进行工作的呢?

知识目标

- 掌握工业机器人机械结构系统的组成及功能。
- 掌握工业机器人驱动系统的组成及功能。
- 掌握工业机器人感知系统的组成及功能。
- 了解工业机器人的机器人-环境交互系统及人机交互系统的组成及功能。
- 掌握工业机器人控制系统的组成及功能。

技能目标

- 能够指出工业机器人的具体构造及其功能。
- 能够区分不同工业机器人在构造上的相似与不同之处。

素质目标

- 培养开拓进取、勇于创新的精神。
- 养成团结协作的团队精神。

项目工单——认识典型工业机器人的机械结构系统

1. 项目描述

本项目要求学生以小组为单位,选择三种工业机器人,详细了解其具体构造及各部分构造的功能,并拍摄照片,将了解到的信息制作成 PPT 在课堂上进行展示。

2. 小组分工

学生以 3~5 人为一组,选出组长并进行小组分工,将小组概况及分工填入表 2-1 中。

表 2-1 小组概况及分工

小组成员	姓名	学号	分工
组长			
组员			

3. 小组讨论

在开展活动前,请各组组长组织组员学习相关资料,讨论下列引导问题。

引导问题 1:工业机器人主要由哪些部分组成?

引导问题 2:工业机器人靠什么控制其行动?

引导问题 3:工业机器人是如何感知外界环境的?

4. 工作记录

以小组为单位进行相关知识的学习，认识工业机器人的构造。学生可通过项目实训"认识典型工业机器人的机械结构系统"来巩固自己所学的知识，并将实训内容、实训过程中遇到的问题和解决办法记录在表 2-2 中。

表 2-2 工作记录表

序号	实训内容	实训过程中遇到的问题和解决办法

项目 2 认识工业机器人的构造

项目引入

2023 年上半年，我国工业机器人产量达 22.2 万套，同比增长 5.4%，工业机器人装机量全球占比超 50%，这使我国成为全球第一大工业机器人市场。我国自主研发的工业机器人在汽车焊接领域的应用获得突破，4 台焊接机器人协同工作，可以 50 s 内焊接好一辆汽车的车身。

工业机器人能够完成焊接、喷涂、码垛等一系列工作，那么它们是通过什么部件完成这些工作的呢？想要解答这个问题，就需要先了解工业机器人的构造。本项目将从机械结构系统、驱动系统、感知系统、机器人-环境交互系统、人机交互系统、控制系统等方面带领大家认识工业机器人的构造。

2.1 机械结构系统

工业机器人的机械结构系统包括末端执行器、腕部、臂部、腰部和基座等部件，这些部件组合在一起，能够灵活自如地伸缩摆动，腕部也能够弯曲转动，可以说已经具备人类手臂的诸多功能。

2.1.1 末端执行器

工业机器人的末端执行器即工业机器人的手部，它安装在工业机器人的腕部末端，用于直接抓握工件或执行焊接、喷涂等作业。末端执行器对工业机器人工作完成的质量起着关键作用，是工业机器人最为重要的执行机构。

机械结构系统

大多数末端执行器都是根据不同的作业要求来设计结构和尺寸的，因此形成了多种多样的类型。通常，根据用途和结构的不同，末端执行器可分为夹持式末端执行器、吸附式末端执行器和专用工具三种类型，如图 2-1 所示。

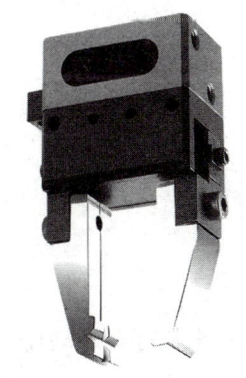
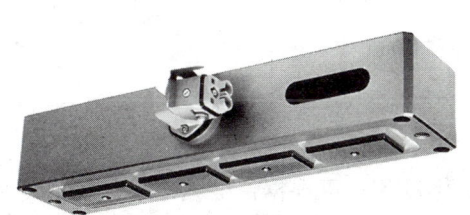
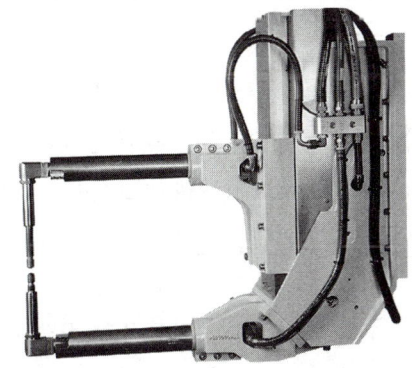

（a）夹持式末端执行器　　　（b）吸附式末端执行器　　　（c）专用工具（柔性焊枪）

图 2-1　末端执行器的类型

1. 夹持式末端执行器

夹持式末端执行器主要由手指、驱动机构、传动机构和支架等组成，通过手指的开合动作实现对工件的夹持，其结构如图 2-2 所示。根据手指开合动作特点的不同，夹持式末端执行器又可分为回转型和平移型两种。

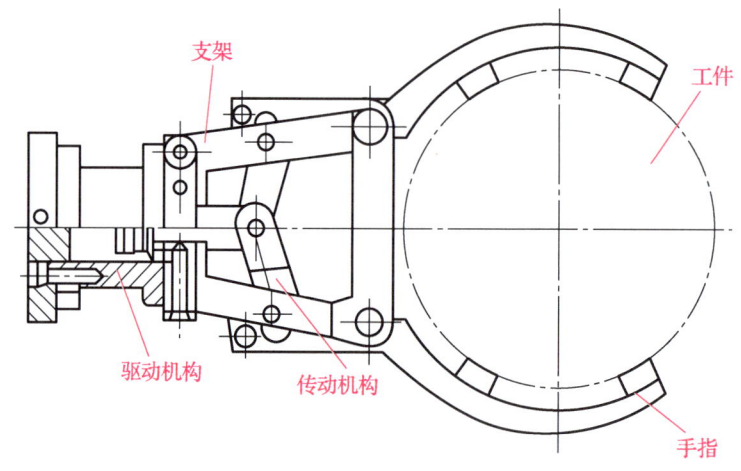

图 2-2 夹持式末端执行器的结构

2. 吸附式末端执行器

吸附式末端执行器是目前应用较多的一种末端执行器，特别适用于搬运机器人。根据吸附原理的不同，吸附式末端执行器可分为气吸式和磁吸式两种。

1）气吸式末端执行器

气吸式末端执行器主要由吸盘、吸盘架及进/排气系统组成，其结构简单、质量轻、使用方便，广泛应用于非金属材料（如玻璃、塑料板材等）或无剩磁材料的吸附。气吸式末端执行器对工件表面没有损伤，且对被吸附工件预定的定位精度要求不高，但要求被吸附工件材质紧密，没有透气空隙，工件上与吸盘接触的部位光滑、平整、洁净。

2）磁吸式末端执行器

磁吸式末端执行器主要由电磁式吸盘、防尘盖、线圈、壳体等组成。由于磁吸式末端执行器是利用电磁铁通电后产生的电磁吸力取料，因此其只对铁磁物体起作用，对某些不允许有剩磁的零件应禁止使用，所以磁吸式末端执行器具有一定的局限性。

3. 专用工具

工业机器人是一种通用性很强的自动化设备，可根据作业要求装配各种专用工具来执行各种动作。例如，通用工业机器人安装焊枪便可成为一台焊接机器人，安装拧螺母机则可成为一台装配机器人。这些专用工具可通过电磁吸盘式换接器（工具快换装置）快速进行更换，从而满足用户的不同加工需求，如图 2-3 所示。

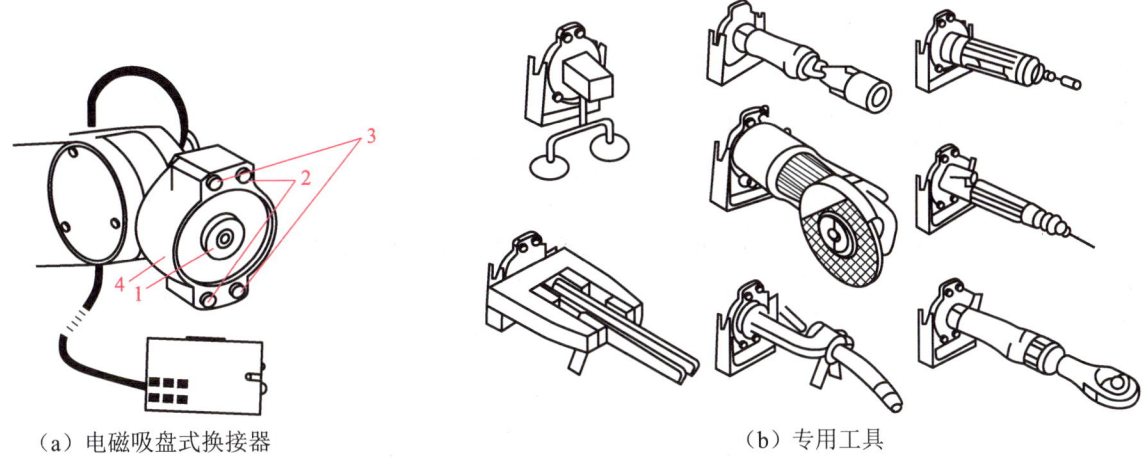

(a)电磁吸盘式换接器　　　　　　　　(b)专用工具

1—气路接口；2—定位销；3—电接头；4—电磁吸盘。

图 2-3　电磁吸盘式换接器和专用工具

> **知识链接**
>
> 　　工业机器人工具快换装置能快速装卸末端执行器，以满足某些工业机器人在承担多种不同任务时，需要自动更换不同末端执行器的要求。常用的工具快换装置主要由主盘和工具盘组成，主盘安装在工业机器人的腕部，工具盘与末端执行器通过气动的方式连接，能够实现工业机器人对末端执行器的自动快速更换。

2.1.2　腕部

　　工业机器人的腕部是连接末端执行器和臂部的部件，具有独立的自由度，以便末端执行器能够适应复杂的动作要求。

1. 腕部回转关节的运动形式

　　腕部一般需要三个自由度，由三个回转关节组合而成。如图 2-4 所示为腕部回转关节的运动形式，各运动形式的定义分别如下。

➢ **臂转**：腕部绕臂部轴线方向的旋转。
➢ **腕摆**：腕部相对于臂部进行的摆动。
➢ **手转**：末端执行器（手部）绕自身轴线方向的旋转。

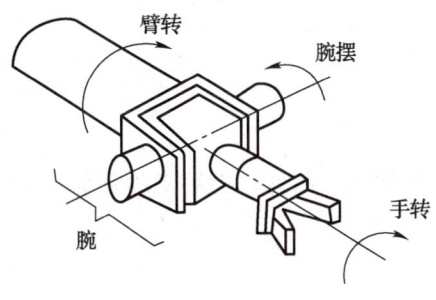

图 2-4　腕部回转关节的运动形式

> **知识链接**
>
> 根据使用要求的不同，腕部的自由度不一定是三个，也可以是其他数目。腕部自由度的选用与工业机器人的通用性、加工工艺要求、工件放置位置和定位精度等因素有关。

根据转动特点的不同，腕部回转关节的转动方式可细分为滚转和弯转两种。

如图 2-5（a）所示为滚转，其特点是两个零件的回转轴线重合，因此可实现 360°无障碍旋转的腕部回转关节转动，滚转通常用 R 来标记。如图 2-5（b）所示为弯转，其特点是两个零件的回转轴线相互垂直，这种运动会受到结构的限制，相对转动角度一般小于 360°，弯转通常用 B 来标记。

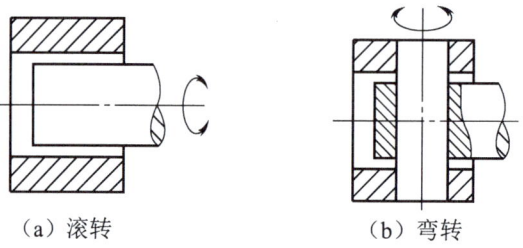

（a）滚转　　　　（b）弯转

图 2-5　腕部回转关节的转动方式

2. 腕部的结合方式

如图 2-6 所示为三自由度腕部的结合方式。

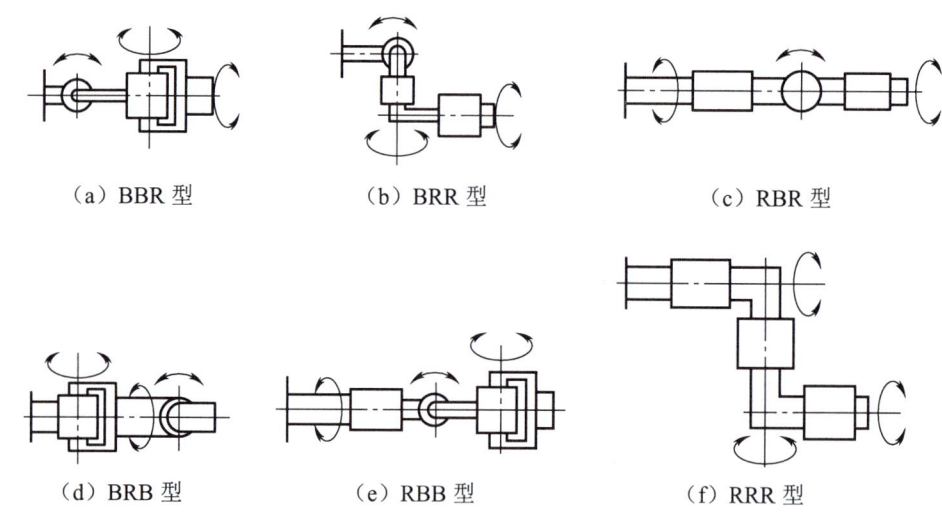

（a）BBR 型　　　（b）BRR 型　　　（c）RBR 型

（d）BRB 型　　　（e）RBB 型　　　（f）RRR 型

图 2-6　三自由度腕部的结合方式

2.1.3　臂部

工业机器人的臂部是连接基座和腕部的部件，能够支撑腕部和末端执行器，带动它们在空间运动，其结构类型多、受力复杂。

1. 臂部的组成及运动方式

工业机器人的臂部主要由臂杆、传动装置、导向定位装置、支撑连接和位置检测元件等组成。从外形上讲，工业机器人的臂部是由回转关节、大臂和小臂组成的。

工业机器人要完成空间运动，其臂部至少需要三个自由度的运动，即垂直移动、径向移动和回转运动。

> **垂直移动**：臂部的上下运动，这种运动通常采用液压缸机构或通过调整工业机器人机身在垂直方向上的安装位置来实现。
> **径向移动**：臂部的伸缩运动，这种运动可使臂部的工作范围发生变化。
> **回转运动**：臂部绕铅垂轴的运动，这种运动决定了臂部所能达到的角度位置。

笔记

2. 臂部的配置形式

由于作业环境和场地等因素不同，工业机器人的臂部会存在各种配置形式，目前常见的配置形式有横梁式、立柱式、基座式和屈伸式 4 种。

1）横梁式配置

横梁式配置的工业机器人，其基座被设计成横梁，用于悬挂臂部机构，一般分为单臂悬挂式和双臂悬挂式两种，如图 2-7 所示。此类工业机器人的运动方式大多为移动式，具有占地面积小、空间利用率高、动作简单直观等优点。

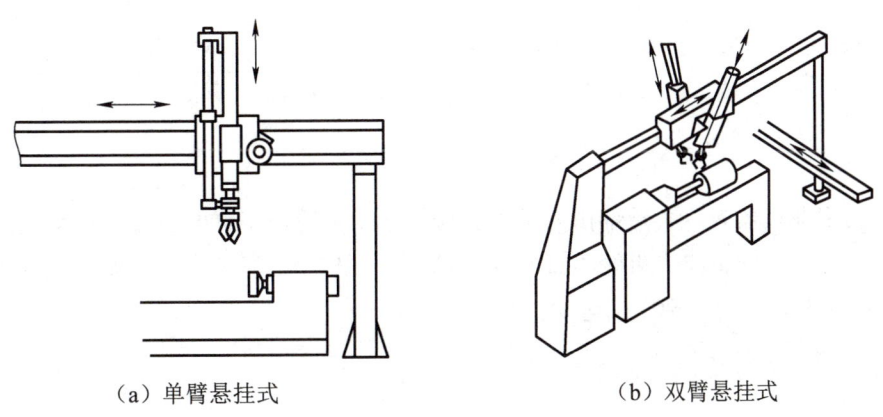

（a）单臂悬挂式　　　　　　　　　（b）双臂悬挂式

图 2-7　横梁式配置

2）立柱式配置

立柱式配置的工业机器人较为常见，可分为单臂式和双臂式两种，如图 2-8 所示。这类工业机器人的臂部可以在水平面内回转，具有占地面积小、工作范围大等特点。

立柱式工业机器人的立柱可固定安装在空地上，也可固定在床身上，结构较为简单，主要承担上、下料或转运等工作。

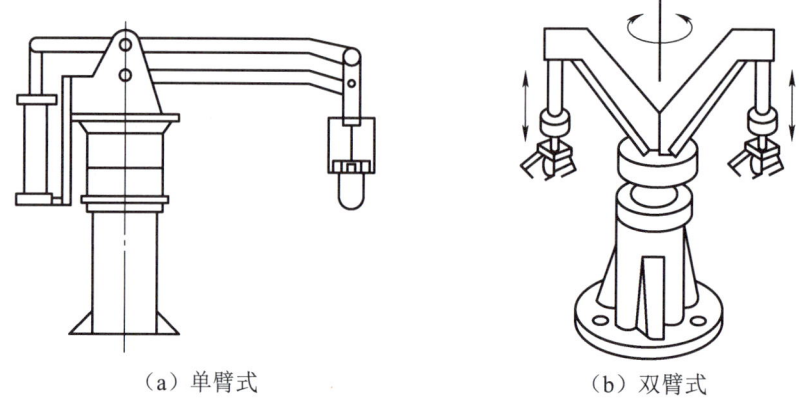

（a）单臂式　　　　　（b）双臂式

图 2-8　立柱式配置

3）基座式配置

基座式配置的工业机器人一般为独立的、自成系统的完整装置，可分为单臂回转式、双臂回转式和多臂回转式三种，如图 2-9 所示。这类工业机器人既可随意安放和搬动，也可沿地面上的专用轨道移动，扩大其活动范围。

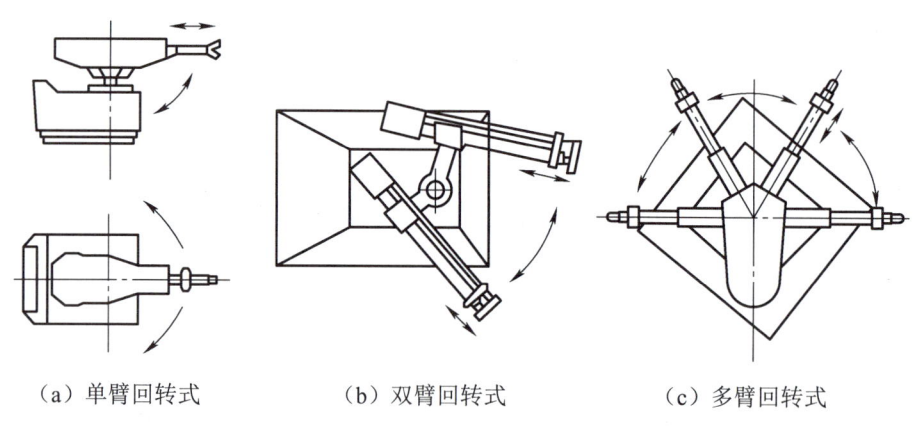

（a）单臂回转式　　　（b）双臂回转式　　　（c）多臂回转式

图 2-9　基座式配置

4）屈伸式配置

屈伸式配置的工业机器人，其臂部由大臂和小臂组成，大臂、小臂间有相对运动。这种臂部称为屈伸臂，有平面屈伸式和立体屈伸式两种，如图 2-10 所示。屈伸臂与基座一起，结合工业机器人的运动轨迹，既可实现平面运动，又可实现空间运动。

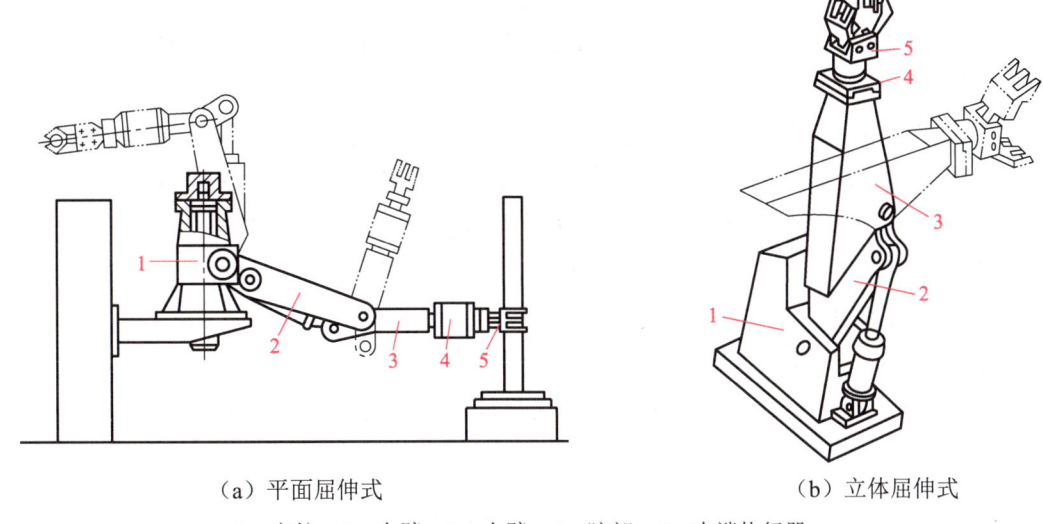

(a) 平面屈伸式　　　　　　　　　(b) 立体屈伸式

1—立柱；2—大臂；3—小臂；4—腕部；5—末端执行器。

图 2-10　屈伸式配置

3. 臂部结构的设计

工业机器人臂部的总重量较大、受力较复杂，直接承受腕部、末端执行器和操作工具的静、动载荷，在高速运动时会产生较大的惯性力。臂部结构的设计需要考虑上述因素，具体设计要求有以下几点。

（1）臂部结构的设计应满足工业机器人作业空间的要求。

（2）合理选择臂部截面形状，并选用高强度轻质材料。工字形截面的弯曲刚度一般比圆截面大，空心管的弯曲刚度和扭转刚度都比实心轴大，所以常用钢管制作臂杆及导向杆，用工字钢和槽钢制作支撑板。

（3）尽量减小臂部重量和整个臂部相对于回转关节的转动惯量，以减小运动时的动载荷与冲击。

（4）合理设计臂部与腕部、基座的连接部位。臂部安装形式和位置不仅关系到工业机器人的强度、刚度和承载能力，而且还直接影响工业机器人的外观。

知识链接

在工业机器人臂部的制作材料中，非金属材料主要有聚酰胺-6、聚乙烯（PE）和碳素纤维等；金属材料以轻合金，特别是铝合金为主。

2.1.4 腰部和基座

工业机器人的腰部又称为立柱，是支撑臂部的部件，其作用是带动臂部运动，既可在基座上转动，也可与基座制成一体，与臂部运动结合，将腕部移送到需要到达的工作位置。

工业机器人的基座相当于人体的躯干部分，起着支撑的作用。基座有固定式和移动式两种，固定式基座用铆钉直接固定于地面或工作台上；移动式基座则安装在行走机构上。下面主要介绍移动式基座和行走机构的相关知识。

移动式基座通常由驱动装置、传动机构、位置检测元件、传感器电缆及管路等组成。移动式基座一方面支撑工业机器人的臂部、腕部和末端执行器，另一方面还根据作业任务的要求，带动工业机器人在更广阔的空间内运动。

根据运动轨迹的不同，工业机器人的行走机构可分为固定轨迹式行走机构和无固定轨迹式行走机构。

（1）固定轨迹式行走机构安装在一个可移动的拖板座上，整个工业机器人可以靠丝杠螺母的驱动沿丝杠纵向移动。除此之外，此类工业机器人也可采用类似起重机梁的移动方式行走。采用固定轨迹式行走机构的工业机器人主要用在工作区域大的作业场合，如大型设备装配、立体化仓库中的材料搬运、材料堆垛和储运，大面积喷涂等。

（2）无固定轨迹式行走机构主要有履带式行走机构、轮式行走机构和足式行走机构等。此外，还有适合于各种特殊场合的步进式行走机构、蠕动式行走机构、混合式行走机构和蛇行式行走机构等。

2.2 驱动系统

工业机器人的自由度多，运动速度快，因此需要有驱动系统来驱使各个执行器协同工作。驱动系统包括传动机构和驱动器。

2.2.1 传动机构

在工业机器人中，传动机构是连接动力源和机械结构系统的中间装置，通常包括连杆机构、滚珠丝杠、齿轮系、链、带、减速器等。在各种传动机构中，减速器是保证工业机器人实现到达目标位置精确度的核心部件。合理地选用减速器，可精确地将动力源转速降到工业机器人各部位所需要的速度。目前应用于工业机器人，尤其是关节型机器人中的减速器，主要有谐波减速器和RV减速器。

驱动系统

1. 谐波减速器

谐波减速器是利用行星齿轮传动原理发展起来的一种新型减速器。

1）谐波减速器的结构

如图2-11所示，谐波减速器由具有内齿的刚轮、具有外齿的柔轮和波发生器组成。波发生器通常为主动件，而刚轮和柔轮之一为从动件，另一个为固定件。

图2-11 谐波减速器的结构

2）谐波减速器的特点

与一般减速器相比，谐波减速器具有以下几个特点。

（1）传动比范围大。单级谐波齿轮传动比为 70～320，在某些装置中可达到 1 000；多级谐波齿轮传动比为 30 000 以上。

（2）体积小、重量轻。与一般减速器相比，输出力矩相同时，谐波减速器的体积可减小 2/3，重量可减轻 1/2。

（3）结构简单。谐波减速器仅有三个基本构件，且输入轴与输出轴同轴线布置，结构简单，安装方便。

（4）承载能力高。谐波减速器中，同时啮合的齿数多，且柔轮采用了高强度材料，齿与齿之间为面接触，因此承载能力比一般减速器高。

（5）传动精度高。由于谐波齿轮传动为多齿啮合，对误差有相互补偿作用，因此传动精度高。

（6）传动效率高、运动平稳。由于柔轮的齿轮在传动过程中做均匀的径向移动，因此，即使输入速度很高，齿轮的相对滑移速度仍极低，所以齿轮磨损小，效率高。此外，由于在啮入和啮出时，齿轮的两侧都参与工作，因此运动平稳，无冲击现象。

知识链接

谐波减速器广泛用于航空、航天、工业机器人、机床微量进给、通信设备、纺织机械、化纤机械、造纸机械、差动机构、印刷机械、食品机械和医疗器械等领域。

2. RV 减速器

RV 减速器是在传统摆线针轮、行星齿轮的基础上发展起来的一种新型减速器。

1）RV 减速器的结构

如图 2-12 所示，RV 减速器主要由行星齿轮、刚性盘、针齿、摆线轮、曲柄轴、输出盘和齿轮轴等组成。

图 2-12　RV 减速器的结构

2）RV 减速器的特点

RV 减速器具有以下几个特点。

（1）传动比范围大。RV 减速器包括二级减速机构，其传动比不仅比传统齿轮减速装置大，还可以比谐波减速器大，推荐传动比为 30～170。

（2）刚度好。RV 减速器的针齿和摆线轮间通过直径较大的针齿销传动，通过两端圆锥滚子轴承的刚性盘输出，刚性好，抗冲击能力强。

（3）输出转矩高。RV 减速器的一级减速机构一般有 2～3 对行星齿轮，二级减速机构采用硬齿面多齿销同时啮合且齿差固定的方式，其齿形可比谐波减速器更大，输出转矩更高。

（4）效率高。RV 减速器的传动效率为 85%～90%。

2.2.2 驱动器

根据动力源的不同，工业机器人的驱动器可分为电动驱动器、液压驱动器和气动驱动器三种。工业机器人可根据需要采用三种基本驱动器中的单独一种或几种组合而成的驱动系统。

1. 电动驱动器

电动驱动器又称为电气驱动器，它是利用各种电动机产生的力或力矩，直接或经过减速机构驱动工业机器人的关节，以满足所要求的位置、速度和加速度的驱动器。电动驱动器控制精度高，能精确定位，反应灵敏，可实现高速度、高精度的连续轨迹控制，适用于中小负载驱动。

伺服电动机作为电动驱动器的执行元件，具有较高的可靠性和稳定性，并且具有较大的短时过载能力，一般用于喷涂机器人、点焊机器人、弧焊机器人和装配机器人等。如图 2-13 所示，工业机器人电动驱动器常用的伺服电动机有交流伺服电动机、直流伺服电动机和步进伺服电动机等。

（a）交流伺服电动机

（b）直流伺服电动机

（c）步进伺服电动机

图 2-13　工业机器人电动驱动器常用的伺服电动机

2. 液压驱动器

液压驱动器利用液压泵将原动机的机械能转换为液体（一般为矿物油）的压力能，通过液体压力能的变化来传递能量，经过各种控制阀和管路的传递，借助于液压执行元件再将液体压力能转换为机械能，从而驱动工作机构，实现回转运动或直线往复运动。工业机器人中常用的液压执行元件有液压马达和液压缸。

液压马达又称为旋转液压马达，是旋转式执行元件。液压缸结构简单、工作可靠，在用液压缸实现直线往复运动时，可免去减速装置，并且没有传动间隙，运动平稳，因此在工业机器人中应用比较广泛。

无论液压驱动器使用哪种液压执行元件，它都具有控制精度高、可无级调速、反应灵敏、可实现连续轨迹控制等优点，并且因其操作力大、功率体积比大，比较适合于大负载低速驱动。但液压驱动器需要有较高的密封性，不宜在高温或低温的场合工作，其价格较贵，维护相对复杂，这些缺点限制了液压驱动器在工业机器人中的应用。

3. 气动驱动器

气动驱动器的工作原理与液压驱动器相同，靠压缩空气来推动气动马达或气缸运动，从而带动机械结构系统运动。

气动驱动器由于气体压缩性大、精度低、阻尼效果差、低速不易控制，因此难以实现伺服控制，能效较低。但气动驱动器结构简单、成本低，适用于轻负载快速驱动和精度要求较低的有限点位控制的工业机器人（如冲压机器人），或用于点焊等较大型通用机器人的气动平衡，也可用于装配机器人的气动夹具（如气动手爪）。

头脑风暴

目前，工业机器人的驱动方式仍以电动驱动为主。与液压驱动和气动驱动相比，电动驱动的优势是什么？

钢骨匠魂

某自主品牌新能源汽车工厂通过引入 500 余台工业机器人，建成了高度自动化的焊接生产线。这些工业机器人以 ±0.5 mm 的重复定位精度，完成车身近 4 000 个焊点的精准焊接，不仅将生产效率提升至每分钟完成一个车身焊接，还将焊接合格率提升至 99.8%。

这些工业机器人之所以能如此精准高效地工作，离不开其精密的机械结构设计。其中，高精度的减速器确保了每个关节运动的精准定位，伺服电动机提供了稳定可靠的动力输出，轻量化的机械臂设计在保证结构刚性的同时实现了更快的运动响应。而这精密的机械结构设计，离不开工程师们严谨细致的工程实践，以及对精益求精的执着追求和对品质革新的不懈坚持。

2.3 感知系统

2.3.1 感知系统概述

人们为了从外界获取信息，必须借助眼睛、耳朵、舌头、鼻子、皮肤等感觉器官。但工业机器人没有人类这样的感觉器官，要通过感知系统来获取外界信息。感知系统由各种传感器组成，工业机器人通过形形色色的传感器，便可获取比肩人类，甚至超越人类的感觉信息。

传感器的性能指标主要包括灵敏度、线性度、精度、测量范围、重复性、分辨率、响应时间、抗干扰能力等。工业机器人中的传感器一般应具有精度高、重复性好、稳定性好、可靠性高、抗干扰能力强、重量轻、体积小等优点。

知识链接

线性度反映了传感器输入信号与输出信号之间的线性程度。

根据用途的不同，工业机器人传感器可分为内部传感器和外部传感器，具体如表2-3所示。

表2-3　工业机器人传感器的分类、功能和应用

名称	分类		功能	应用
内部传感器	位移		检测工业机器人自身状态，如自身的运动、位置和姿态等信息	控制工业机器人按规定的位置、速度、加速度、轨迹和受力状态等工作
	速度			
	加速度			
	力觉			
	姿态角			
外部传感器	视觉	单点视觉	检测工业机器人外部状况，如作业中对象或障碍物状态，以及工业机器人与外部环境的相互作用信息，使工业机器人适应外界环境的变化	对被测量物定向、定位 目标分类与识别 控制操作 抓取物体 检查产品质量 适应外部环境变化 修改程序
		线阵视觉		
		平面视觉		
		立体视觉		
	非视觉	接近（距离）觉		
		温度		
		接触觉		
		滑觉		
		声音		
		力觉		

头脑风暴

在工业机器人的发展历程中，有哪些曾经难以解决的问题最终通过传感器而得以解决？

2.3.2　内部传感器

工业机器人内部传感器一般安装于末端执行器上，而不安装于周围的环境中。常见的工业机器人内部传感器主要有位移传感器、速度传感器和力觉传感器等。

1. 位移传感器

位移传感器主要用于检测工业机器人的空间位置、角度与位移距离等物理量。选择位移传感器时,要考虑工业机器人各关节和连杆的运动定位精度要求、重复定位精度要求及运动范围要求等。目前比较常见的位移传感器是电位器式位移传感器和光电编码器。

工业机器人传感器

1) 电位器式位移传感器

电位器式位移传感器一般用于测量工业机器人的关节直线位移和角位移,是位置反馈控制中必不可少的元件,它可将机械的直线位移或角位移输入量转换为与其成一定函数关系的电阻或电压输出。

电位器式位移传感器主要由电阻元件、骨架及电刷等组成。根据滑动触头运动方式的不同,电位器式位移传感器可分为直线型和旋转型两种,如图 2-14 所示。

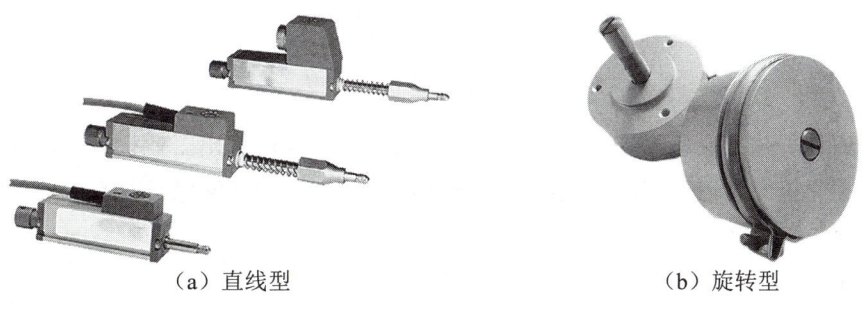

(a)直线型　　　　　　　　(b)旋转型

图 2-14　电位器式位移传感器

> **知识链接**
>
> 电位器式位移传感器具有结构简单、价格低廉、性能稳定、使用方便等优点,并且其位移量与输出电压量为线性关系。此外,因为电位器式位移传感器的滑动触点位置不受电源影响,所以即使断电也不会丢失原有位置信息。但是电位器式位移传感器的分辨率不高,电刷和电阻之间接触容易磨损,进而影响电位器式位移传感器的可靠性及使用寿命。因此,电位器式位移传感器在工业机器人中的应用逐渐被光电编码器取代。

2) 光电编码器

光电编码器是一种通过光电转换将输出轴上的直线位移或角位移转换成脉冲或数字量的传感器,属于非接触式传感器,它主要由码盘、机械部件、检测光栅和光电检测装置(光源、光敏器件、信号转换电路)等组成。光电编码器的分辨率完全能满足技术要求,在工业机器人中应用非常广泛。

2. 速度传感器

速度传感器主要用于测量工业机器人关节的运行速度。目前,工业机器人中广泛使用的速度传感器有测速发电机和相对式光电编码器两种。其中,测速发电机应用最广泛,能直接得到代表转速的电压,具有良好的实时性。

1）测速发电机

测速发电机是一种模拟式速度传感器，它实际上是一台小型永磁式直流发电机，其结构如图2-15所示。

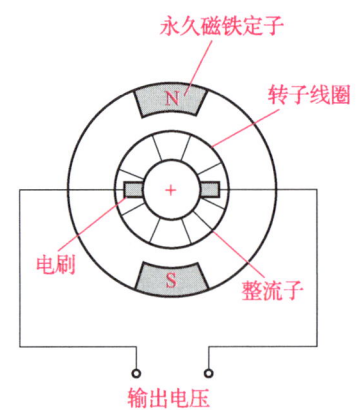

图2-15 测速发电机的结构

测速发电机的转子与工业机器人的关节伺服电动机相连，便能测出工业机器人运动过程中的关节转动速度，还能在工业机器人速度闭环系统中作为速度反馈元件。测速发电机具有线性度好、灵敏度高、输出信号强等优点。

2）相对式光电编码器

相对式光电编码器作为速度传感器时，有模拟和数字两种测量方式。

在模拟测量方式下，必须有一个频率/电压（F/V）变换器，用来将编码器测得的脉冲频率转换成与速度成正比的模拟电压，F/V变换器必须有良好的零输入、零输出特性和较小的温度漂移才能满足测试要求。数字测量方式是利用数学公式通过计算软件计算出速度的。

3. 力觉传感器

力觉传感器又称为力或力矩传感器，是用来检测工业机器人的臂部和腕部所产生的力或其所受反力的传感器。工业机器人在自我保护时，需要检测关节和连杆之间的内力，防止臂部因载荷过大或与周围障碍物碰撞而引起损坏。此外，工业机器人在进行装配、搬运、研磨等作业时需要以工作力或力矩进行控制。因此，力觉传感器也可视为工业机器人的外部传感器。

力觉传感器的种类很多，常用的有电阻应变片式、压电式、电容式和电感式等。它们都是通过弹性敏感元件将被测力或力矩转换成某种位移量或变形量，然后通过各自的敏感介质将位移量或变形量转换成能够输出的电量。

力觉传感器是工业机器人重要的传感器之一，工业机器人机体上一般常安装以下三种类型的力觉传感器。

（1）装在关节驱动器上的力觉传感器称为关节力传感器，它用于控制过程中的力反馈。

（2）装在末端执行器和最后一个关节之间的力觉传感器称为腕力传感器。

（3）装在工业机器人手指上的力觉传感器称为指力传感器。

2.3.3 外部传感器

用于检测工业机器人作业对象及作业环境状态的传感器称为外部传感器。对于工业机器人来讲，外部传感器是不可或缺的。现今工业机器人应用外部传感器的场景还不是很多，但随着对工业机器人工作精度和性能要求的不断提高，外部传感器的应用将日益增多。

目前，工业机器人中常用的外部传感器主要有接触觉传感器、滑觉传感器、接近觉传感器和视觉传感器等。

1. 接触觉传感器

人类的触觉能力是相当强的，通过触觉，人类能不用眼睛就识别出接触物体的外形，并辨别出它是什么东西，如螺钉、开口销、圆销等。如果要求工业机器人能够进行复杂的装配工作，它也需要具备这种能力。接触觉传感器是判断工业机器人是否接触物体的测量传感器，可以感知工业机器人与周围障碍物的距离。接触觉传感器在工业机器人中的作用有以下几方面。

（1）感知操作手指与对象物体之间的作用力，使操作手指动作适当。

（2）识别对象物体的大小、形状、质量及硬度等。

（3）躲避危险，以防碰撞障碍物引起事故。

根据接触方式的不同，接触觉传感器可分为开关式、面接触式和触须式三种类型。

1）开关式接触觉传感器

开关式接触觉传感器的外形尺寸较大，空间分辨率较低。工业机器人在探测是否接触到物体时会用到开关式接触觉传感器，它可接受由于接触产生的柔量，如位移响应等。开关式接触觉传感器主要分为微动开关和限位开关两种。其中，微动开关大多采用杠杆原理，即使用很小的力也能动作；限位开关是限制工作机构位置的电器，主要用于限定工业机器人的动作范围。

2）面接触式接触觉传感器

面接触式接触觉传感器即接触觉阵列传感器。将阵列式排布的接触觉电极或光电开关安装在工业机器人末端执行器的前端及内外侧面，帮助面接触式接触觉传感器识别末端执行器上接触物体的位置，可使末端执行器接近物休并且准确地完成夹持动作。

3）触须式接触觉传感器

触须式接触觉传感器由须状触头及其检测部分构成，须状触头由具有一定长度的柔空软条丝构成，它与物体接触所产生的弯曲由在根部的检测单元检测。触须式接触觉传感器的功能是识别接近的物体，确认所设定的动作结束，以及根据接触发出回避动作的指令或搜索对象物体的存在。

2. 滑觉传感器

滑觉传感器是一种用来检测工业机器人与抓握对象间滑移程度的传感器。滑觉传感器通过检测工件滑动量来修正工业机器人设定的握力。目前常用的滑觉传感器有滚轮式、球式和振动式等类型。

1）滚轮式滑觉传感器

滚轮式滑觉传感器由一个圆柱滚轮测头和弹簧板支撑组成，如图2-16所示。当工件滑动时，圆柱滚轮测头也随之转动，发出脉冲信号，脉冲信号的频率反映了滑动速度，脉冲信号的个数对应滑动距离。

滚轮式滑觉传感器只能检测一个方向的滑动。

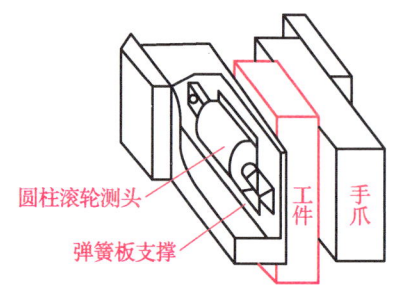

图 2-16 滚轮式滑觉传感器

2）球式滑觉传感器

贝尔格莱德大学研制了工业机器人专用的球式滑觉传感器，如图 2-17 所示。球式滑觉传感器由一个金属球和触针组成，金属球表面分成许多个相间排列的导电和绝缘小格。触针头很细，每次只能触及一格。当工件滑动时，金属球也随之转动，在触针上输出脉冲信号。脉冲信号的频率反映了滑动速度，脉冲信号的个数对应滑动距离。

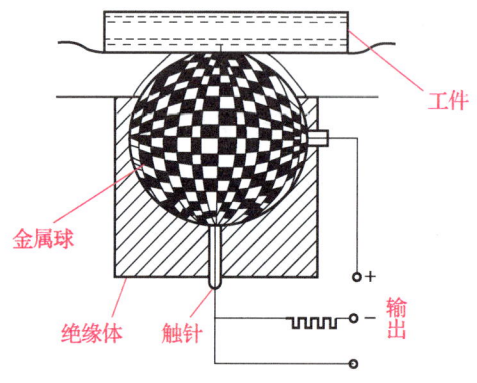

图 2-17 球式滑觉传感器

球式滑觉传感器体积小，检测灵敏度高。金属球与工件相接触，无论工件滑动方向如何，只要金属球一转动，传感器便会产生脉冲输出。该金属球在冲击力作用下不转动，因此球式滑觉传感器的抗干扰能力较强。

3）振动式滑觉传感器

振动式滑觉传感器通过检测工件滑动时的微小振动来检测滑动情况。如图 2-18 所示，钢球指针与工件接触，若工件滑动，则钢球指针振动，线圈输出信号。

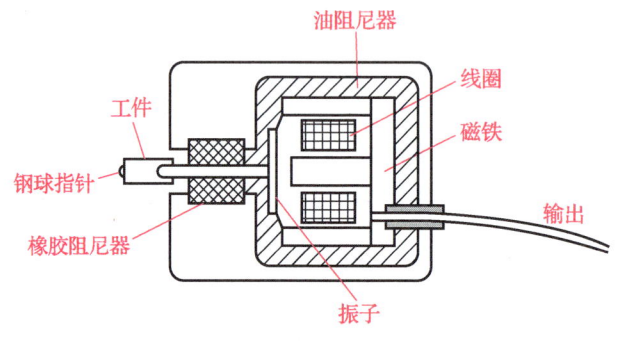

图 2-18 振动式滑觉传感器

3. 接近觉传感器

接近觉传感器是工业机器人用来探测自身与周围物体间相对位置或距离的一种传感器,它探测的距离一般在几毫米到十几厘米之间。根据转换原理的不同,接近觉传感器可分为电涡流式、光纤式和超声波式等类型。

1)电涡流式接近觉传感器

当导体在一个不均匀的磁场中运动或处于一个交变磁场中时,其内部便会产生感应电流。这种感应电流称为电涡流,这一现象称为电涡流现象,电涡流式接近觉传感器便是利用这一原理制成的。

电涡流式接近觉传感器(见图2-19)外形尺寸小、价格低廉、可靠性高、抗干扰能力强,而且检测精度高,能够检测到0.02 mm的微量位移。但是电涡流式接近觉传感器检测距离短,一般最大检测距离只有13 mm,且只能检测固态导体。

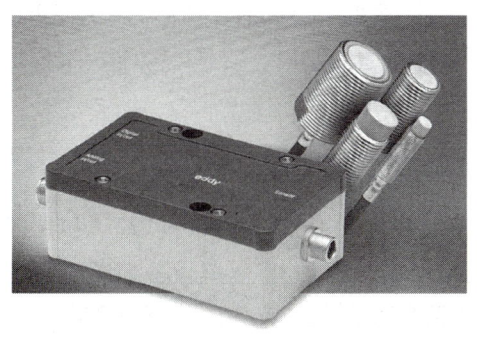

图2-19 电涡流式接近觉传感器

2)光纤式接近觉传感器

光纤式接近觉传感器具有抗干扰能力强、灵敏度高、响应快、检测距离远等特点。

光纤式接近觉传感器有射束中断型、回射型、扩散型三种形式。其中,射束中断型只能检测出不透明物体,无法检测透明或半透明物体;回射型与射束中断型相比,可检测出透光材料制成的物体;扩散型与回射型相比少了回射靶,因为大部分材料都能反射一定量的光,所以扩散型光纤式接近觉传感器可检测透光或半透光的物体。

3)超声波式接近觉传感器

超声波式接近觉传感器由超声波发射器、超声波接收器、定时电路和控制电路等组成,通过超声波测量距离。

4. 视觉传感器

工业机器人的视觉可定义为从三维环境的图像中提取、显示和说明信息的过程,而让工业机器人看到身边环境的"眼睛"便是视觉传感器。

视觉传感器又称为摄像管,它是采用光电转换原理摄取平面光学图像,并使其转换为电子图像信号的器件。视觉传感器必须具备两个作用:一是将光信号转换为电信号;二是将平面光学图像上的像素进行点阵取样,并将这些像素按时间取出。

视觉传感器在工业机器人中的应用类型大致可以分为三类,即视觉检验、视觉导引和过程控制,其应用领域包括电子工业、汽车工业、航空工业,以及食品和制药等。

视觉传感器的发展很迅速,由最初的光电摄像管、超光电摄像管、正析摄像管、光导摄像管,发展到电耦合器件(CCD)、互补金属氧化物半导体(CMOS)等固体摄像管等。

2.4 机器人-环境交互系统

机器人-环境交互系统是实现工业机器人与外部环境设备相互联系和协调的系统。工业机器人与环境的交互能力,即工业机器人与外部环境设备的联系和配合能力,在很大程度上决定了其作业能力。机器人-环境交互包括工业机器人与硬件环境的交互,以及与软件环境的交互。其中,与硬件环境的交互主要是与外部环境设备的通信,包括对工作范围内的障碍和自由空间的描述,以及对操作对象的描述;与软件环境的交互主要是与生产单元监控计算机所提供的管理信息系统之间的通信。

机器人-环境交互系统的主要部件是通信接口、信息处理与决策模块。

2.4.1 通信接口

传感器将获取到的外部环境信息转化为工业机器人可以理解和处理的电信号,然后这些电信号传递至通信接口。通信接口负责实现工业机器人与外部环境设备之间的信息交换。常见的通信方式包括有线通信(如以太网、串口通信等)和无线通信(如 Wi-Fi、蓝牙等)。

2.4.2 信息处理与决策模块

信息处理与决策模块是机器人-环境交互系统的核心,它接收到来自传感器的外部环境信息,通过算法对工业机器人的行为进行决策。这些算法旨在使工业机器人能够自适应地应对环境中的变化。在此基础上,决策模块根据预设的目标和策略,生成相应的行动指令,指挥工业机器人做出适当的反应。

2.5 人机交互系统

人机交互系统是使操作人员与工业机器人进行相互联系和协调的系统,主要包括指令给定装置和信息显示装置。操作人员可通过人机交互系统进行工业机器人语言编程、控制工业机器人的末端执行器,还可设置工业机器人的工作参数、查看其运行状态等。

2.5.1 指令给定装置

指令给定装置是人机交互系统中的关键输入设备,可以帮助操作人员向工业机器人发送控制指令。这些指令可以是简单的动作命令,如移动、抓取或放置等,也可以是复杂的任务序列,需要工业机器人按照预定的程序执行。指令给定装置通常包括各种按钮、开关、触摸屏或手动操纵杆等结构。实际应用中,我们可以根据应用场景和操作人员的习惯对指令给定装置的结构进行定制和优化。

2.5.2 信息显示装置

信息显示装置通常包括各种监视器、显示屏或指示灯等，它们能够实时显示工业机器人的运动轨迹、负载情况、电池电量等关键参数。此外，一些先进的信息显示装置还具有数据分析和可视化功能，能够将复杂的数据转化为易于理解的图表或动画，帮助操作人员更好地理解和分析工业机器人的工作状态。

除了上述两大核心组成部分外，人机交互系统与其他系统协同工作，共同构成了一个完整的交互网络，确保操作人员与工业机器人之间的顺畅沟通和协作。

2.6 控制系统

工业机器人的控制系统若不具备信号反馈功能，则为开环控制系统；若具备信号反馈功能，则为闭环控制系统。对于开环控制系统，其任务主要是根据作业指令支配工业机器人的执行机构完成规定的动作和功能；对于闭环控制系统，则还需对传感器反馈回来的信号进行处理，并完成相应的动作。

控制系统

工业机器人的控制系统相当于人的大脑，主要负责工业机器人最核心的指挥决策工作。

2.6.1 控制系统的组成

工业机器人控制系统主要由控制计算机、示教器、操作面板、磁盘存储器、标准I/O板、打印机接口、传感器接口、伺服控制器、辅助伺服控制器、通信接口、网络接口等组成，如图2-20所示。

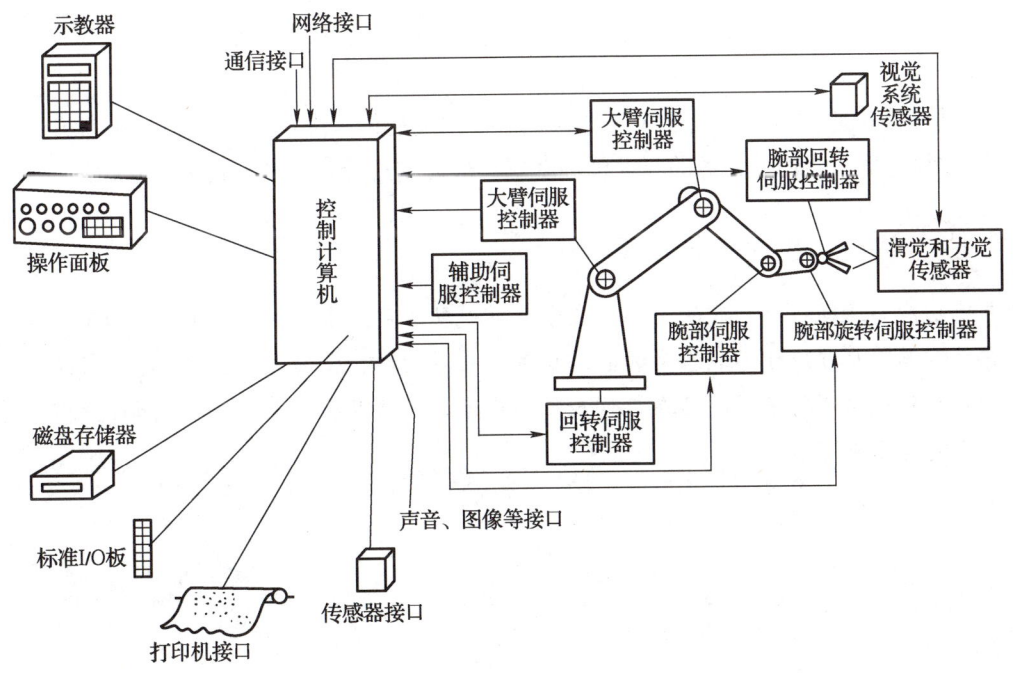

图2-20 工业机器人控制系统的组成

（1）控制计算机：控制系统的调度指挥机构，一般为微型机、微处理器等。

（2）示教器：示教工业机器人的工作轨迹、设定参数，拥有独立的 CPU 及存储单元，与控制计算机以总线通信方式实现信息交互。

（3）操作面板：由各种操作按钮和状态指示灯构成，能够完成基本功能操作。

（4）磁盘存储器：用于存储工业机器人工作程序中的各种信息数据。

（5）标准 I/O 板：用于数字量和模拟量的输入/输出，如各种状态信息和控制命令的输入或输出。

（6）打印机接口：用于连接打印机，打印需要输出的各种信息。

（7）传感器接口：用于信息的自动检测，实现工业机器人的闭环控制，常用的传感器有力觉、触觉和视觉传感器。

（8）伺服控制器：用于完成工业机器人各关节位置、速度和加速度的控制。

（9）辅助伺服控制器：用于控制工业机器人的各种辅助设备，如手爪变位器等。

（10）通信接口：用于实现工业机器人和其他设备的信息交换，一般有串行接口、并行接口等。

（11）网络接口：通常包括 EtherNet 接口和 Fieldbus 接口。

2.6.2 控制系统的功能

工业机器人控制系统的功能主要有示教再现功能和运动控制功能。

1. 示教再现功能

示教再现功能是指示教人员预先将工业机器人作业的各项运动参数教给工业机器人，在示教的过程中，工业机器人控制系统的记忆装置将所教的操作过程自动地记录在磁盘存储器中。当需要工作时，控制系统便调用磁盘存储器中存储的各项数据，使工业机器人再现示教的操作过程，由此工业机器人便可完成要求的作业任务。

2. 运动控制功能

运动控制功能是指通过对工业机器人末端执行器在空间的位置姿态、速度和加速度等进行控制，使工业机器人末端执行器按照作业任务的要求进行动作，最终完成给定的作业任务。

知识链接

示教再现功能与运动控制功能的区别：在示教再现功能中，末端执行器的各项运动参数是由示教人员教给它的，其精度取决于示教人员的熟练程度；而在运动控制功能中，末端执行器的各项运动参数是由控制系统经过运算得来的，且在工作人员不能示教的情况下，通过编程指令仍然可以控制工业机器人完成给定的作业任务。

品于行，创于新

治愈工业机器人"帕金森症"

从北京捧回全国五一劳动奖章后，陈伟又马不停蹄投入工作中。在公司技术中心的实验室里，各式各样、大小不一的工业机械臂一字排开，还有一大堆电机，从小功率到大功率，从低速到高速，琳琅满目，一应俱全。这些都是陈伟密切打交道的"小伙伴"。多年来，陈伟深耕研发一线，解决高端装备卡脖子难题，为新质生产力发展贡献力量。

工业机器人的低频抖动是一项行业难题，不仅会影响工业机器人的精准度，还会影响运行效率。"我们所说的工业机器人，大多是工业机械臂，在汽车生产制造、焊接、物流等领域应用广泛。"陈伟所在的公司有项主要业务，就是研发生产工业机械臂。在生产线上，大多是几个工业机器人相互配合，每个工业机器人完成一道或几道工序。因此，工业机器人的快速操作、精准定位，与生产效率息息相关。

陈伟介绍，工业机器人由6个关节串起，由于机械的共振特性，此前国内的工业机器人在重载高速运转下会产生低频抖动。因此，若想要提高工业机器人的工作效率，必须先治愈它们的"帕金森症"。陈伟读书时学的是自动化专业及电气工程专业，一开始对机械本体并没有深入了解，但秉持着工匠精神，陈伟和他的团队迎难而上，花了2年的时间，查阅了1 000多篇参考文献，把这块硬骨头啃了下来。

"看不懂就自学，从一头雾水到慢慢找到规律。"那段时间，陈伟白天泡在实验室里，晚上整理数据、查阅文献，从机械原理到数学建模再到控制理论，电脑整天不离身。在实验室的每个角落，都能见到他在做测试的身影。

最终，陈伟通过多环节的多项技术结合治好了工业机器人"帕金森症"，使工业机器人运行更平稳，精度更高，工作效率比第一代产品提升了近30%，而且位置稳定时间这一指标达到国际先进水平。

工业机器人的低频抖动，只是陈伟研发成果的一小部分。"像工业机器人、高档数控机床、自动化设备、航空航天装备、高性能医疗器械等，都离不开高性能伺服电动机驱动系统的支撑。"陈伟告诉记者，为防止关键零部件卡脖子风险，他与团队突破了伺服参数自整定技术、全频域振荡抑制技术等11项关键技术，产品控制性能和易用性达到国际先进水平。

"我们公司身处的智能制造、高端装备领域，经过几年飞速发展，正不断缩小与国际品牌的差距，甚至在一些领域实现了赶超。"陈伟坦言，"我们要继续发挥工匠精神，带领团队攻坚克难，为国家贡献更多的力量。"

（资料来源：杨洁，《治愈工业机器人"帕金森症"》，学习强国，2024年5月3日）

项目实训——认识典型工业机器人的机械结构系统

学习完本项目后，相信大家对工业机器人的构造已有了初步了解。这里列举了三种典型的工业机器人，请大家识别其机械结构系统，并比较不同类型工业机器人机械结构系统的相同和不同之处。

（1）ABB IRB 1600 型工业机器人。如图 2-21 所示，ABB IRB 1600 型工业机器人的机械结构系统主要包括末端执行器、腕部、臂部、腰部和基座等部件。其中，末端执行器安装在腕部的末端，如焊枪、夹爪等；腕部连接臂部和末端执行器，用于末端执行器姿态的调整；臂部包含多个关节和连杆，能够实现多自由度运动；腰部用于支撑臂部；基座用于确保整个工业机器人的稳定性。

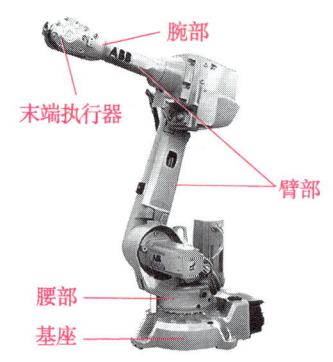

图 2-21　ABB IRB 1600 型工业机器人

（2）ABB IRB 360 型工业机器人。如图 2-22 所示，ABB IRB 360 型工业机器人悬挂布置，其机械结构系统主要包括定平台、主动臂、从动臂和动平台等部件。其中，定平台用于支撑整个工业机器人的其他部分，确保整体稳定性；主动臂通过安装在定平台上的驱动电机，为整个工业机器人提供动力；从动臂多采用轻质细杆制作而成，为平行四边形结构；通过均匀分布的三根并联连杆支撑，动平台可实现空间内的位置姿态定位。

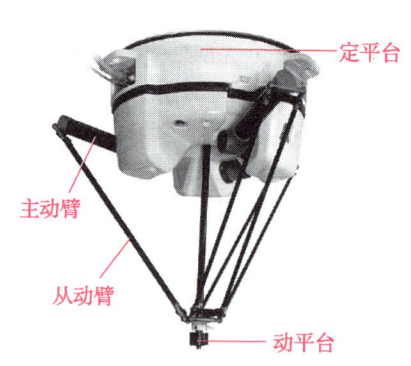

图 2-22　ABB IRB 360 型工业机器人

（3）新时达 AR5215 型工业机器人。如图 2-23 所示，新时达 AR5215 型工业机器人为水平多关节机器人，其机械结构系统主要包括大臂、小臂和基座等部件。其中，大臂和小臂通常由两个回转关节和一个移动关节组成，回转关节负责水平旋转运动，移动关节负责垂直运动；基座确保整个工业机器人的稳定性。

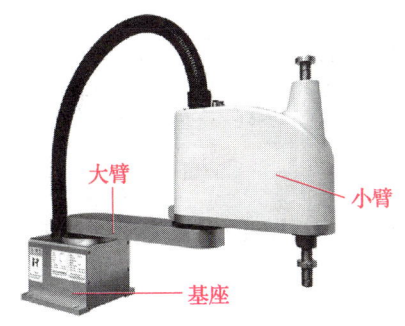

图 2-23　新时达 AR5215 型工业机器人

 实训拓展

请大家查找并列举其他三种典型的工业机器人，比较不同类型工业机器人的机械结构系统，分析它们的相同与不同之处。

项目综合考核

1. 填空题

（1）工业机器人的机械结构系统包括_____、_____、_____、_____等部分。

（2）工业机器人的腕部一般需要_____个自由度，由_____个回转关节组合而成。

（3）在各种传动机构中，_____是保证工业机器人实现到达目标位置精确度的核心部件。

（4）常见的工业机器人内部传感器主要有_____传感器、_____传感器和_____传感器等。

2. 选择题

（1）工业机器人外部传感器不包括（　　）。
　　A．视觉传感器　　　　　　　　　B．滑觉传感器
　　C．速度传感器　　　　　　　　　D．接触觉传感器

（2）工业机器人的机械结构系统不包括（　　）。
　　A．末端执行器　　B．内部传感器　　C．腕部　　D．基座

（3）在工业机器人中，（　　）是连接动力源和机械结构系统的中间装置。
　　A．传动机构　　　B．行走机构　　　C．控制系统　　D．腕部

3. 简答题

（1）RV 减速器具有哪些特点？
（2）工业机器人传感器的性能指标有哪些？
（3）工业机器人的控制系统主要组成部分有哪些？

项目综合评价

各小组成员配合指导教师完成如表 2-4 所示的学习成果评价表。

表 2-4 学习成果评价表

班级		组号		日期	
姓名		学号		指导教师	
项目名称		认识工业机器人的构造			
评价项目	评价内容		评价方式	满分/分	评分/分
知识（40%）	掌握机械结构系统的组成及功能		理论测试	8	
	掌握驱动系统的组成及功能			8	
	掌握感知系统的组成及功能			8	
	了解机器人-环境交互系统的组成及功能			4	
	了解人机交互系统的组成及功能			4	
	掌握控制系统的组成及功能			8	
技能（40%）	能够指出工业机器人的具体构造及其功能		实践操作	20	
	能够区分不同工业机器人在构造上的相似与不同之处			20	
素质（20%）	遵守课堂纪律，认真学习和讨论		综合评判	6	
	认真负责，按时完成学习、实践任务			4	
	与组员团结合作、互相帮助			4	
	服从指挥，遵守课堂纪律			4	
	具有安全责任意识和创新思维			2	
合计				100	
自我评价					
指导教师评价					

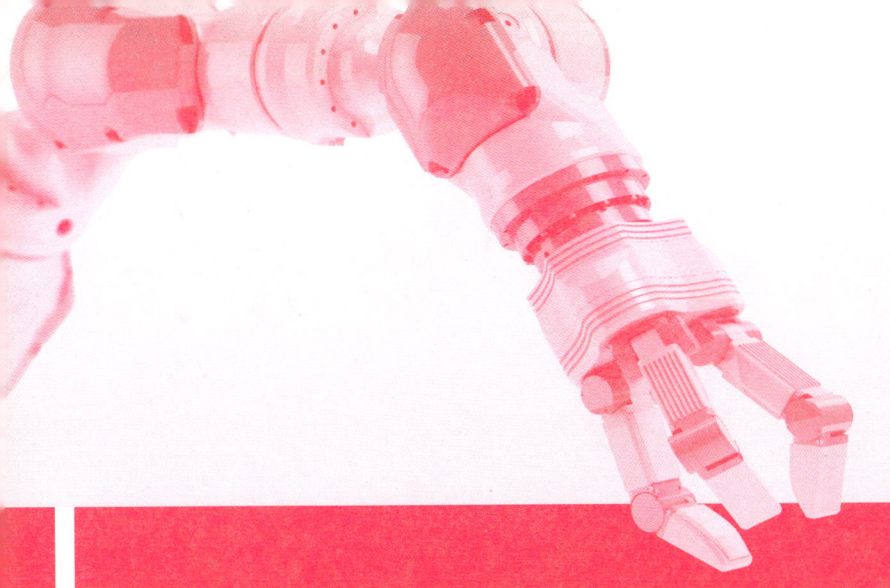

项目 3
调试工业机器人

项目导读

当我们面对一台全新或经过升级的工业机器人时，如何确保它能够按照预期要求准确地执行各项任务，并保证操作的安全性和效率呢？这就需要对工业机器人进行调试。只有通过精细的调试，我们才能确保工业机器人在实际运行中能够达到最佳的性能状态，从而满足生产线上的各种需求。

知识目标

- 掌握工业机器人的操作基础。
- 了解 ABB 工业机器人 I/O 接口的分类。
- 掌握 ABB 工业机器人标准 I/O 板的相关知识。
- 了解定义 I/O 信号的相关知识。
- 掌握工业机器人程序数据的定义、类型及存储类型。
- 了解工业机器人程序数据的建立及三个关键程序数据的设定方法。

技能目标

- 能够利用示教器手动操纵工业机器人。
- 能够利用示教器校准工业机器人。

素质目标

- 养成客观、严谨、细致的工作作风。
- 培养精益求精、科学严谨、追求卓越的工匠精神。

项目3 调试工业机器人

项目工单——利用示教器手动操纵工业机器人

1. 项目描述

本项目要求学生以小组为单位,详细了解工业机器人的操作基础,并利用示教器手动操纵工业机器人,将手动操纵过程中的重点和难点等信息记录下来。

2. 小组分工

学生以3~5人为一组,选出组长并进行小组分工,将小组概况及分工填入表3-1中。

表3-1 小组概况及分工

小组成员	姓名	学号	分工
组长			
组员			

3. 小组讨论

在开展活动前,请各组组长组织组员学习相关资料,讨论下列引导问题。

引导问题1:工业机器人的操作基础主要包括哪些内容?

引导问题2:ABB工业机器人常用标准I/O板有哪几种?

引导问题3:工业机器人的三个关键程序数据是什么?

4. 工作记录

以小组为单位进行相关知识的学习,了解调试工业机器人的方法。学生可通过项目实训"利用示教器手动操纵工业机器人"来巩固自己所学的知识,并将实训内容、实训过程中遇到的问题和解决办法记录在表 3-2 中。

表 3-2 工作记录表

序号	实训内容	实训过程中遇到的问题和解决办法

项目3 调试工业机器人

项目引入

在一个汽车零部件制造工厂中，一台多功能的工业机器人正忙碌地执行着复杂的螺栓拧紧任务。这台工业机器人配备了先进的视觉系统和传感器，能够自动识别并定位到每个需要拧紧的螺栓位置。一旦定位成功，工业机器人便迅速而准确地调整其夹具和拧紧工具，确保螺栓以预设的扭矩被精确地拧紧。这台工业机器人使汽车零部件制造工厂的生产效率显著提升，同时也保证了产品质量的一致性和稳定性。

工业机器人能够安全、准确且高效地完成这些工作，离不开精确的调试和编程。本项目将以ABB工业机器人为例，介绍工业机器人的操作基础、I/O通信和程序数据等内容。

3.1 工业机器人的操作基础

工业机器人的操作基础主要包括示教器的使用、手动操纵、校准、数据备份与恢复等内容。

3.1.1 示教器的使用

示教器是一种管理应用工具软件与工业机器人之间接口的手持操作装置。在工业机器人的点动进给、程序创建与测试、操作执行及姿态确认等过程中都会使用示教器。下面主要介绍示教器的组成、手持方法和触摸屏的初始界面。

示教器的使用

1. 示教器的组成

如图3-1所示，示教器主要由连接电缆、触摸屏、触摸笔、硬件按钮、急停按钮、使能器按钮、示教器复位按钮和手动操纵杆等组成。其中，示教器的硬件按钮如图3-2所示，其功能如表3-3所示。

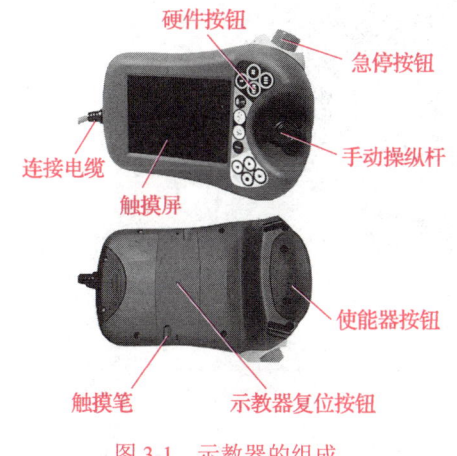

图3-1 示教器的组成

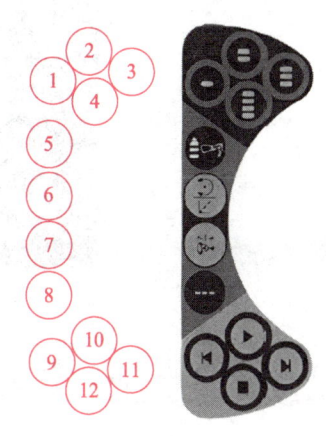

图3-2 示教器的硬件按钮

表 3-3 示教器硬件按钮的功能

序号	功能
1~4	可编程按钮,可由操作人员配置某些特定功能,以简化编程和测试
5	选择机械单元
6	切换运动模式(重定位运动或线性运动)
7	切换运动关节轴(轴 1~3 或轴 4~6)
8	切换增量
9	步退按钮,使程序后退一步
10	启动按钮,开始执行程序
11	步进按钮,使程序前进一步
12	停止按钮,停止执行程序

示教器上的使能器按钮是为保证操作人员的人身安全而设置的。使能器按钮分为两挡,在手动状态下按至第一挡,工业机器人将处于电机开启状态;继续按至第二挡(按紧)后,工业机器人将处于安全停止状态。当发生危险时,操作人员将使能器按钮松开或按紧,工业机器人均会立即停止运行,从而保证操作人员的人身安全。

2. 示教器的手持方法

操作示教器时,右利手者通常左手握示教器,四指穿过示教器绑带按在使能器按钮上,右手使用触摸笔在触摸屏上操作;而左利手者可以将示教器旋转 180°,并在示教器的控制面板中单击"外观"按钮设置屏幕的旋转方向,然后右手握示教器,左手使用触摸笔在触摸屏上操作。如图 3-3 所示为示教器常规的手持方法。

图 3-3 示教器常规的手持方法

3. 示教器触摸屏的初始界面

如图 3-4 所示为示教器触摸屏的初始界面,其各部分的名称及功能说明如表 3-4 所示。

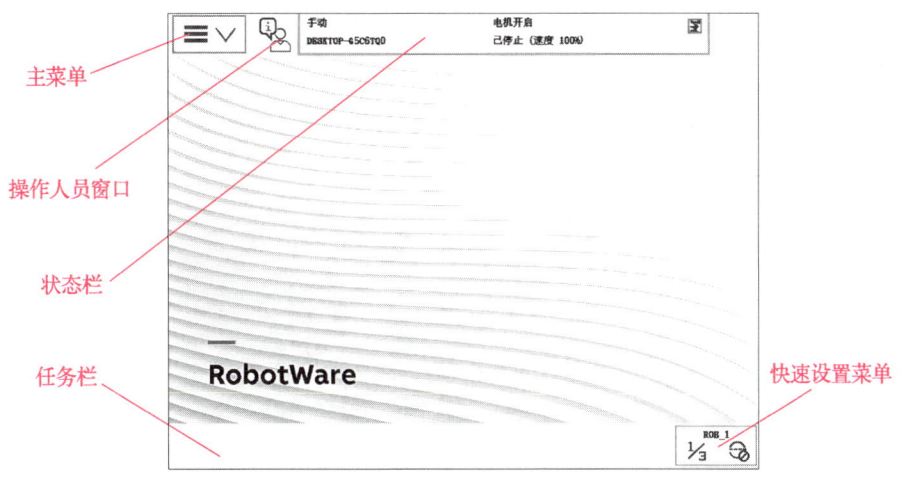

图 3-4 示教器触摸屏的初始界面

表 3-4 示教器触摸屏初始界面各部分的名称及功能说明

名称	功能说明
主菜单	包括 HotEdit、备份与恢复、输入输出、校准、手动操纵、控制面板、自动生产窗口、事件日志、程序编辑器、FlexPendant 资源管理器、程序数据、系统信息等。通过主菜单可以打开多个视图，但一次只能操作一个
操作人员窗口	显示来自工业机器人程序的信息
状态栏	显示与系统状态有关的重要信息，如操作模式、电机开启/关闭、程序状态等
任务栏	显示所有打开的视图，并可用于视图间的切换
快速设置菜单	对微动控制和程序执行进行设置

钢骨匠魂

在汽车焊装生产线上，新手工程师小王正在为工业机器人示教一条全新的焊接路径。他沉稳地握持示教器，拇指始终轻放在使能器按钮上，在低倍率点动操作模式下，以毫米级的精度逐点移动机械臂，并在触摸屏上反复校验每一个程序点的位置与姿态。

这看似重复单调的操作，却让他深刻体会到，手中这方寸之间的示教器，不仅是人机交互的界面，还是一面映照职业素养的镜子。精准无误的点动操作，是对工匠精神的执着践行；从繁杂的程序点中规划出最优运动轨迹，是对系统思维与全局观念的塑造。正是在这一次次与工业机器人的"对话"中，严谨求实、安全第一的职业品格悄然内化，为小王日后成长为一名优秀的工程师奠定了坚实基础。

3.1.2 手动操纵

手动操纵工业机器人时，必须将模式开关上的钥匙旋至手动模式。工业机器人的手动操纵包括单轴运动、线性运动和重定位运动三种模式。

1. 单轴运动

工业机器人一般有 6 个伺服电动机，分别驱动其对应的关节轴，如图 3-5 所示。在单轴运动模式下，每次只能使一个关节轴运动。

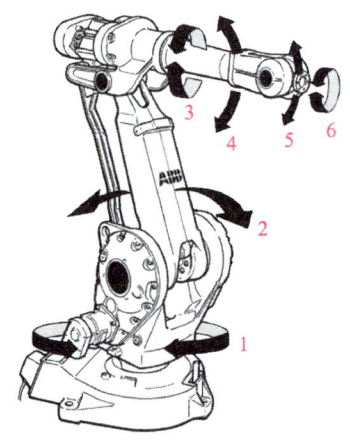

图 3-5 工业机器人的 6 个关节轴

以单轴运动模式操纵工业机器人，常用于转数计数器的更新操作；或当工业机器人出现机械限位和软件限位（即超出移动范围而停止）时，用于将工业机器人移动到合适的位置。

知识链接

在进行粗略定位和较大幅度移动时，单轴运动模式比其他手动操纵模式更加方便快捷。因此，选择手动操纵模式时，并不是越精确越好，应根据实际情况进行分析。

单轴运动的手动操纵步骤如表 3-5 所示。

表 3-5 单轴运动的手动操纵步骤

步骤	说明	图示
01	将工业机器人控制柜上的电源总开关从"OFF"旋转到"ON"，启动工业机器人。然后将控制柜上的模式开关切换到中间的手动模式 **小贴士** 模式开关从左到右的模式依次为"自动""手动""全速手动"	电源总开关 急停按钮 电机启动按钮/指示灯 模式开关

表 3-5（续）

步骤	说明	图示
02	① 在状态栏中确认工业机器人的状态为"手动" ② 单击"主菜单"，选择"手动操纵"选项	
03	在手动操纵界面选择"动作模式"选项	
04	① 动作模式有 4 种，选择"轴 1-3"选项 ② 单击"确定"按钮，便可以对工业机器人的第 1～3 轴进行手动操纵 📖 **小贴士** 若选择"轴 4-6"选项，然后单击"确定"，便可以对工业机器人的第 4～6 轴进行手动操纵	

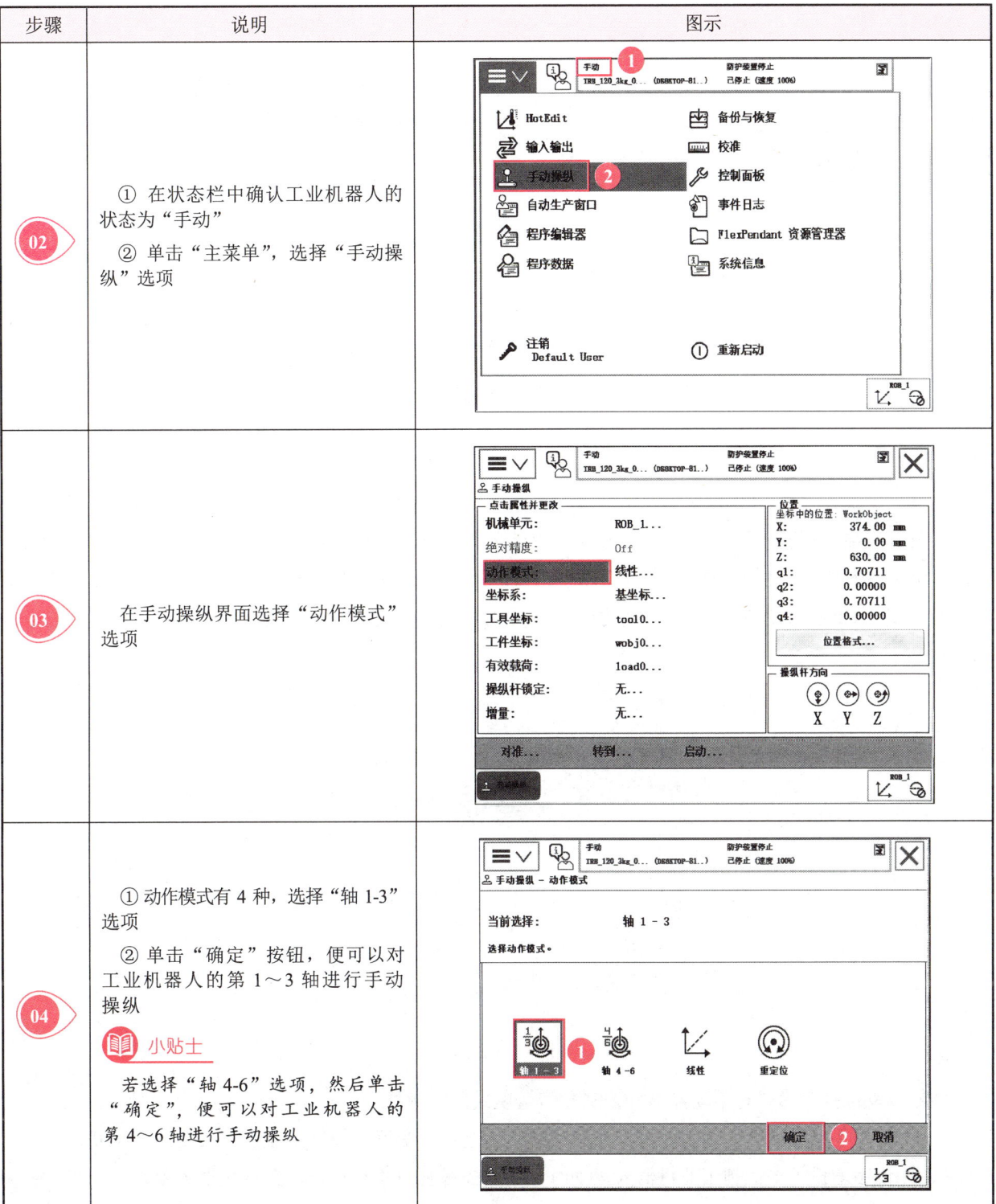

表 3-5（续）

步骤	说明	图示
05	按下使能器按钮，并在状态栏中确认已进入"电机开启"状态，然后操纵工业机器人的手动操纵杆使其做单轴运动 **小贴士** 若电机没开启，则应检查工业机器人控制柜上的电源总开关是否切换为"ON"	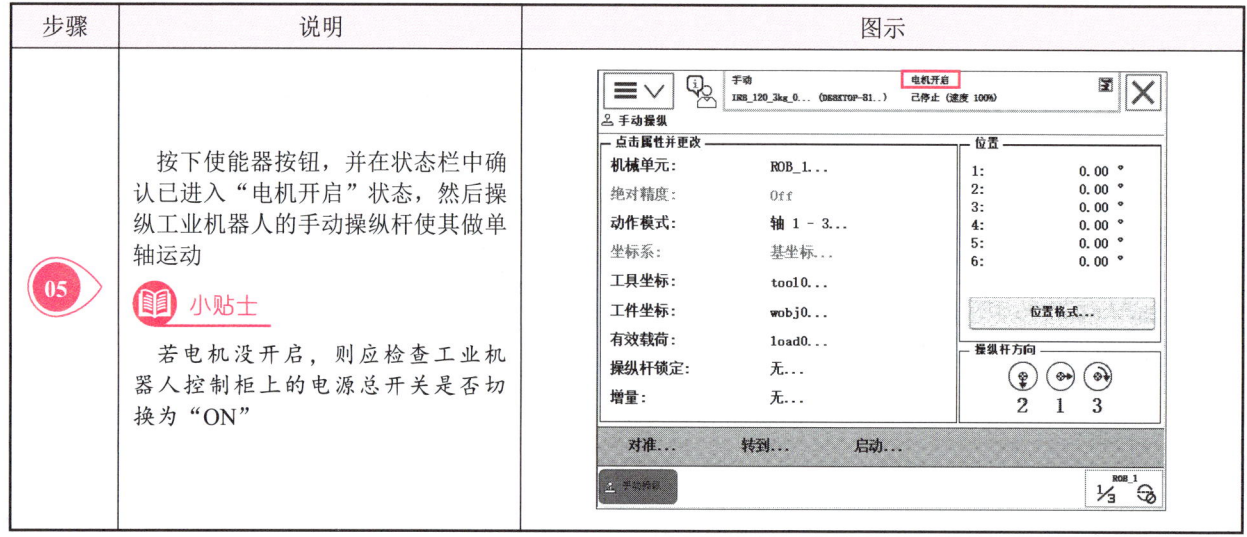

2. 线性运动

线性运动主要是指安装在工业机器人腕部的末端执行器的工具中心点（简称 TCP）在空间中做线性运动，如图 3-6 所示。也就是说，当我们以手动或编程方式操纵工业机器人去接近空间中的某一点时，其本质是让 TCP 去接近该点。线性运动模式下，工业机器人移动的幅度较小，适合较为精确的定位和移动。

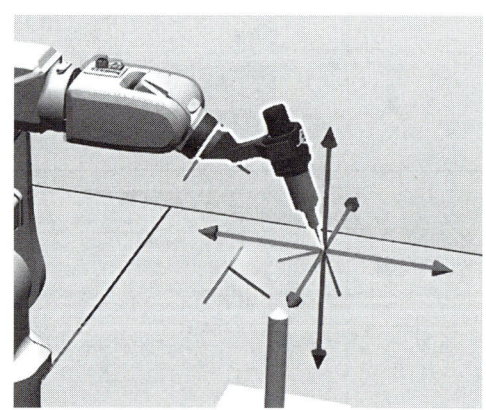

图 3-6 线性运动

线性运动的控制模式有手动操纵杆控制和增量模式控制两种。

（1）使用手动操纵杆控制工业机器人运动时，通过移动幅度来控制工业机器人的运动速度。

（2）使用增量模式控制工业机器人运动时，手动操纵杆每移动一次，工业机器人就移动一步。若手动操纵杆持续一秒或数秒移动，工业机器人就会持续移动（速度为每秒 10 步）。

线性运动的手动操纵步骤如表3-6所示。

表3-6 线性运动的手动操纵步骤

步骤	说明	图示
01	参考单轴运动的手动操纵步骤，在状态栏中确认工业机器人的状态为"手动"，然后单击"主菜单"，选择"手动操纵"选项 ① 选择"线性"选项 ② 单击"确定"按钮	
02	选择"工具坐标"选项 **小贴士** 工业机器人的线性运动要在工具坐标中指定它所对应的工具	
03	① 选择对应的工具"tool1" ② 单击"确定"按钮	

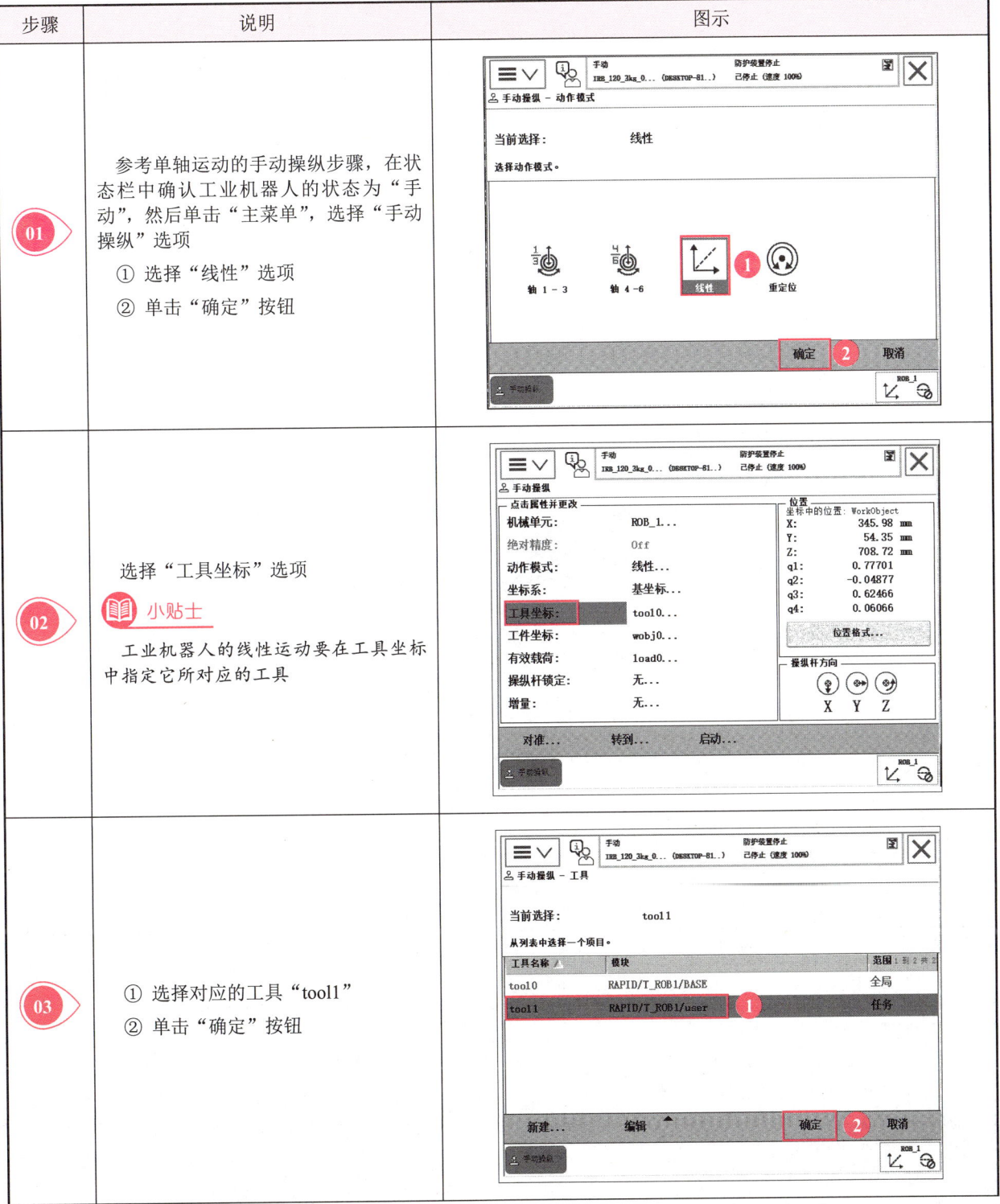

表 3-6（续）

步骤	说明	图示
04	按下使能器按钮，并在状态栏中确认已进入"电机开启"状态，然后操纵工业机器人的手动操纵杆使其沿 X 轴，Y 轴，Z 轴方向做线性运动	

3. 重定位运动

重定位运动是指工业机器人的末端执行器以其 TCP 为坐标原点，在空间中绕着坐标轴做旋转运动，如图 3-7 所示。重定位运动也可以理解为工业机器人绕 TCP 所做的姿态调整运动。

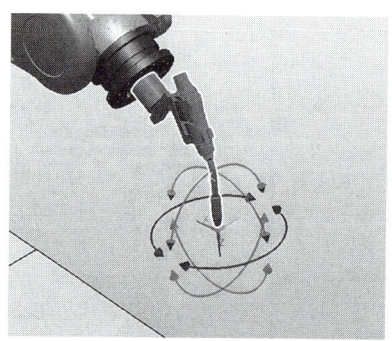

图 3-7 重定位运动

重定位运动的手动操纵步骤如表 3-7 所示。

表 3-7 重定位运动的手动操纵步骤

步骤	说明	图示
01	参考单轴运动的手动操纵步骤，在状态栏中确认工业机器人的状态为"手动"，然后单击"主菜单"，选择"手动操纵"选项 ① 选择"重定位"选项 ② 单击"确定"按钮	

表 3-7（续）

步骤	说明	图示
02	选择"坐标系"选项	
03	① 在坐标系界面中有 4 种坐标系类型，选择"工具"选项 ② 单击"确定"按钮	
04	选择"工具坐标"选项	
05	① 选择对应的工具"tool1" ② 单击"确定"按钮	

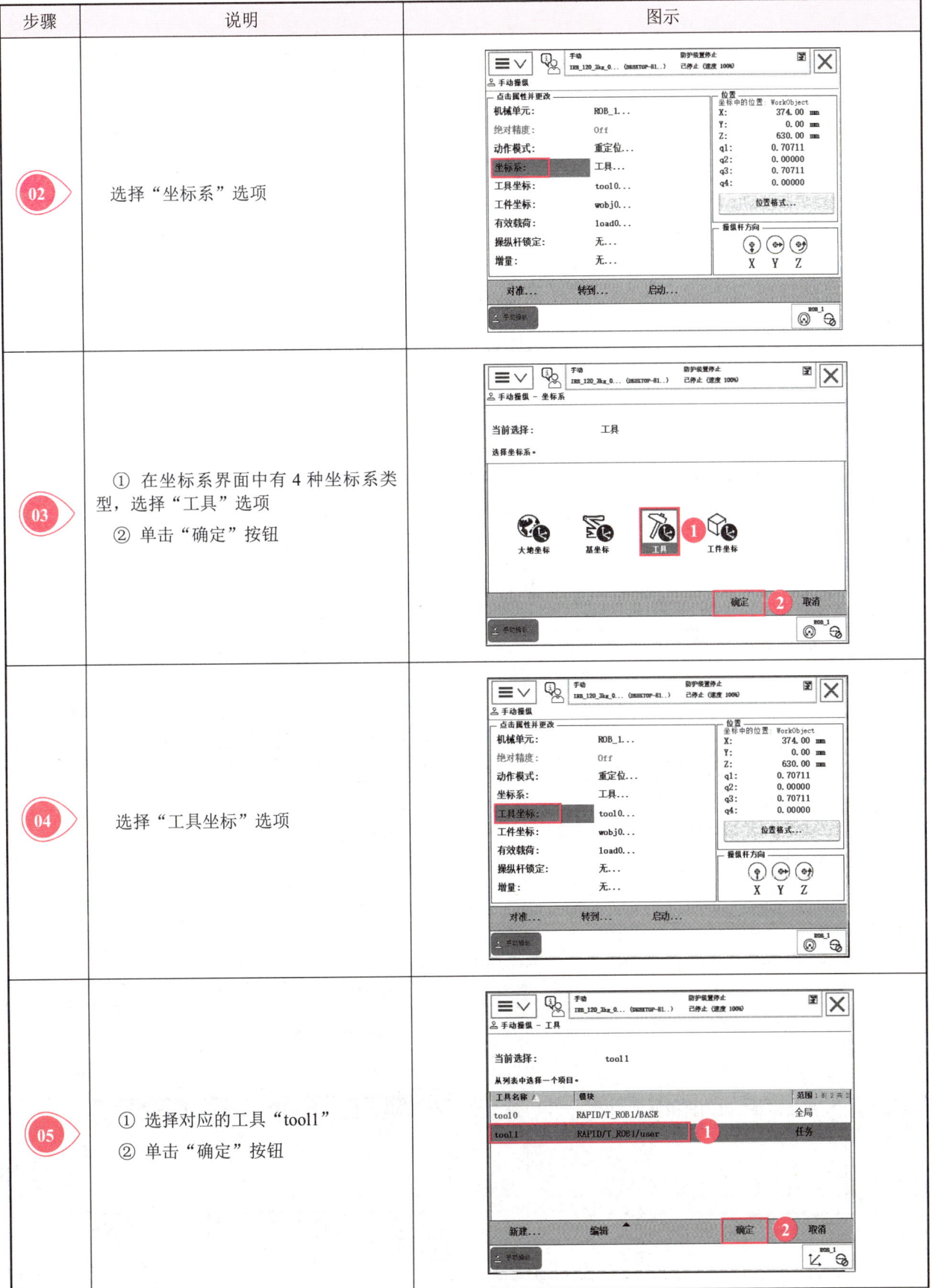

表3-7（续）

步骤	说明	图示
06	按下使能器按钮，并在状态栏中确认已进入"电机开启"状态，然后操纵工业机器人的手动操纵杆使其绕TCP做重定位运动	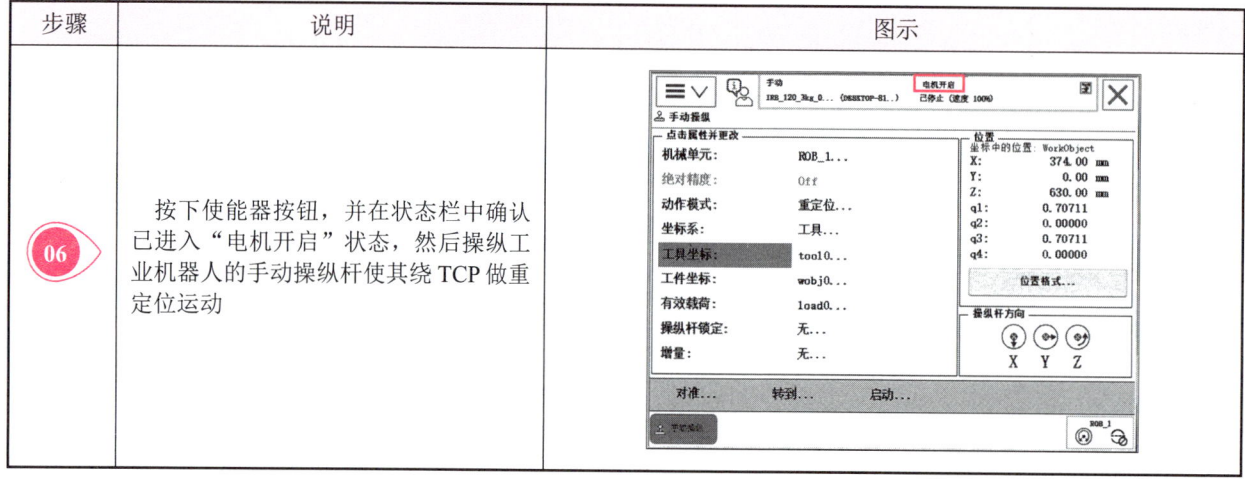

3.1.3 校准

校准是在工业机器人出厂后必须进行的一项工作，其目的是给工业机器人的每个轴设定基准零点。只有设定了基准零点，工业机器人各个轴的运动角度才能确定下来，工业机器人才可以正常运转。校准的步骤如表3-8所示。

表3-8 校准的步骤

步骤	说明	图示
01	手动操纵工业机器人，按"4轴→5轴→6轴→1轴→2轴→3轴"的顺序将工业机器人的6个轴转到基准零点位置，然后选择"主菜单"→"校准"选项	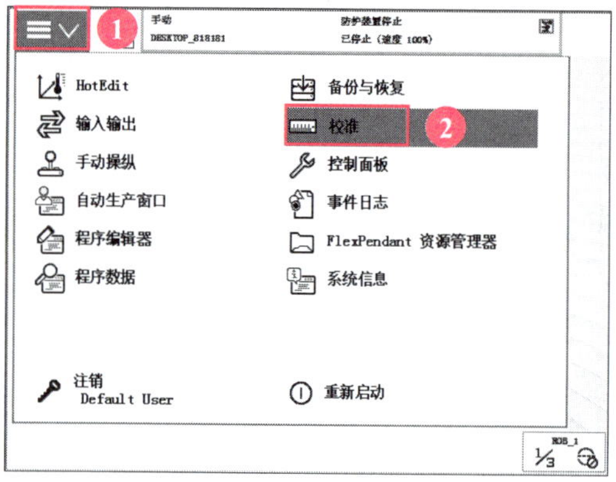
02	单击需要校准的机械单元"ROB_1"，进入校准界面	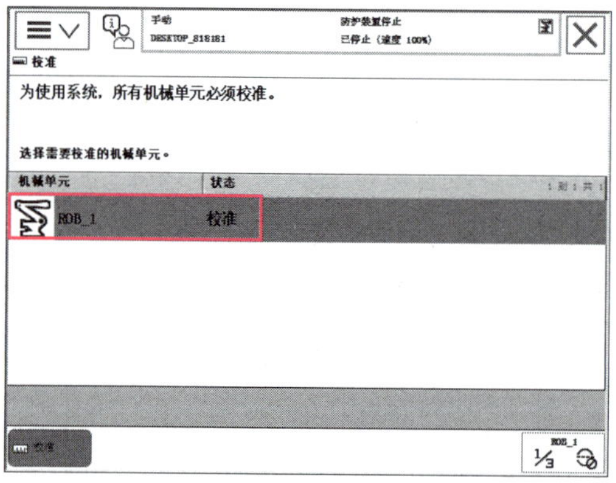

表 3-8（续）

步骤	说明	图示
03	单击"手动方法（高级）"	
04	选择"校准 参数"→"编辑电机校准偏移…"选项	
05	在弹出的对话框中单击"是"按钮	
06	进入"编辑电机校准偏移"界面，对6个轴的偏移值进行修改	

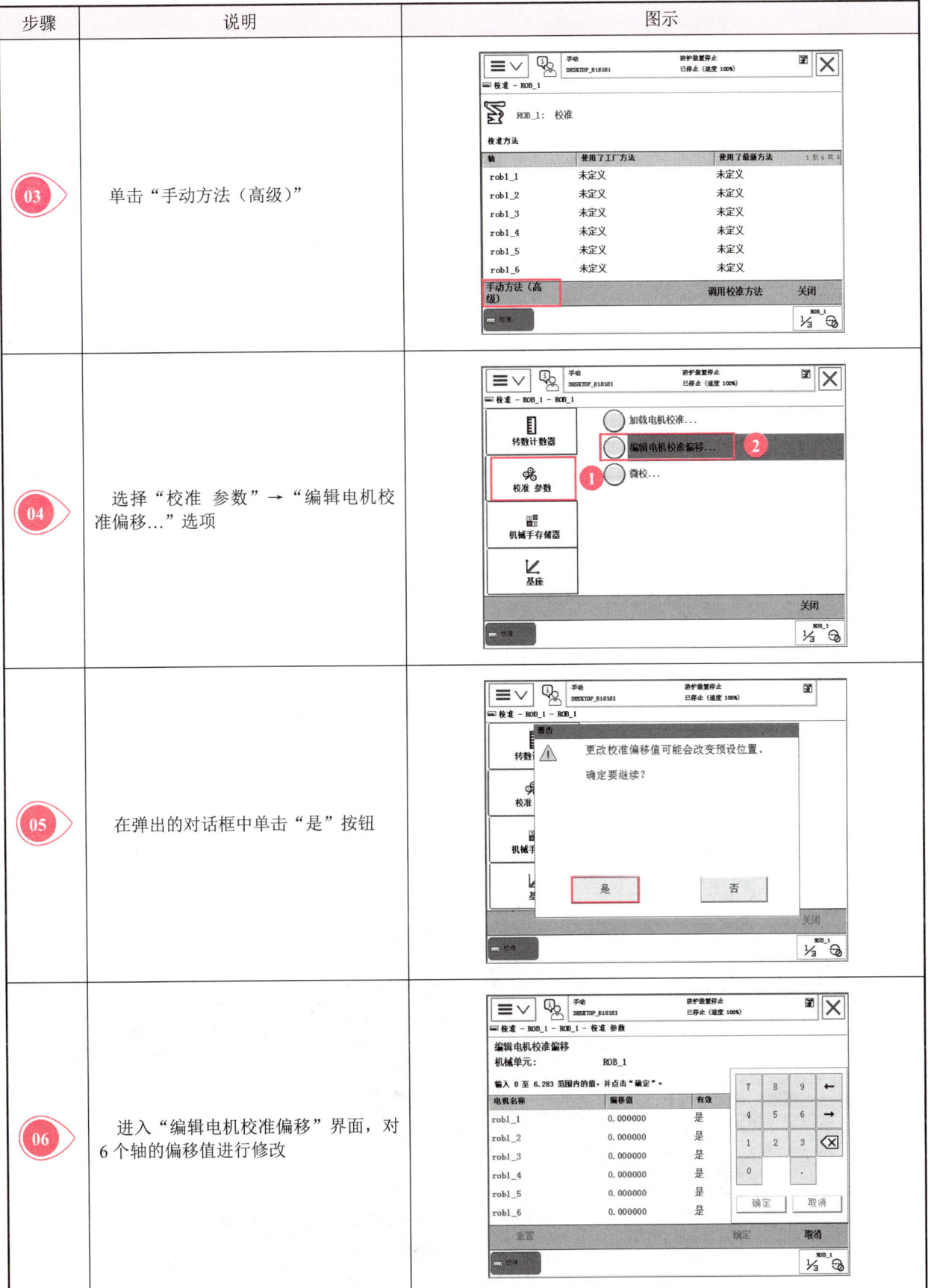

表 3-8（续）

步骤	说明	图示
07	将工业机器人上的电机校准偏移值记录下来	
08	① 单击各个电机名称后面的偏移值，输入上一步记录的电机校准偏移值 ② 当输入完所有新的电机校准偏移值后，单击"确定"按钮，系统将重新启动 **小贴士** 如果示教器中显示的电机校准偏移值与工业机器人上的数值一致，则不需要进行修改，直接单击"取消"按钮，跳到第 10 步	
09	在弹出的对话框中单击"是"按钮，系统将会重启	
10	系统重启后，在示教器主菜单界面选择"校准"选项，再单击需要校准的机械单元"ROB_1"，然后单击"手动方法（高级）"。此时选择"转数计数器"→"更新转数计数器…"选项	

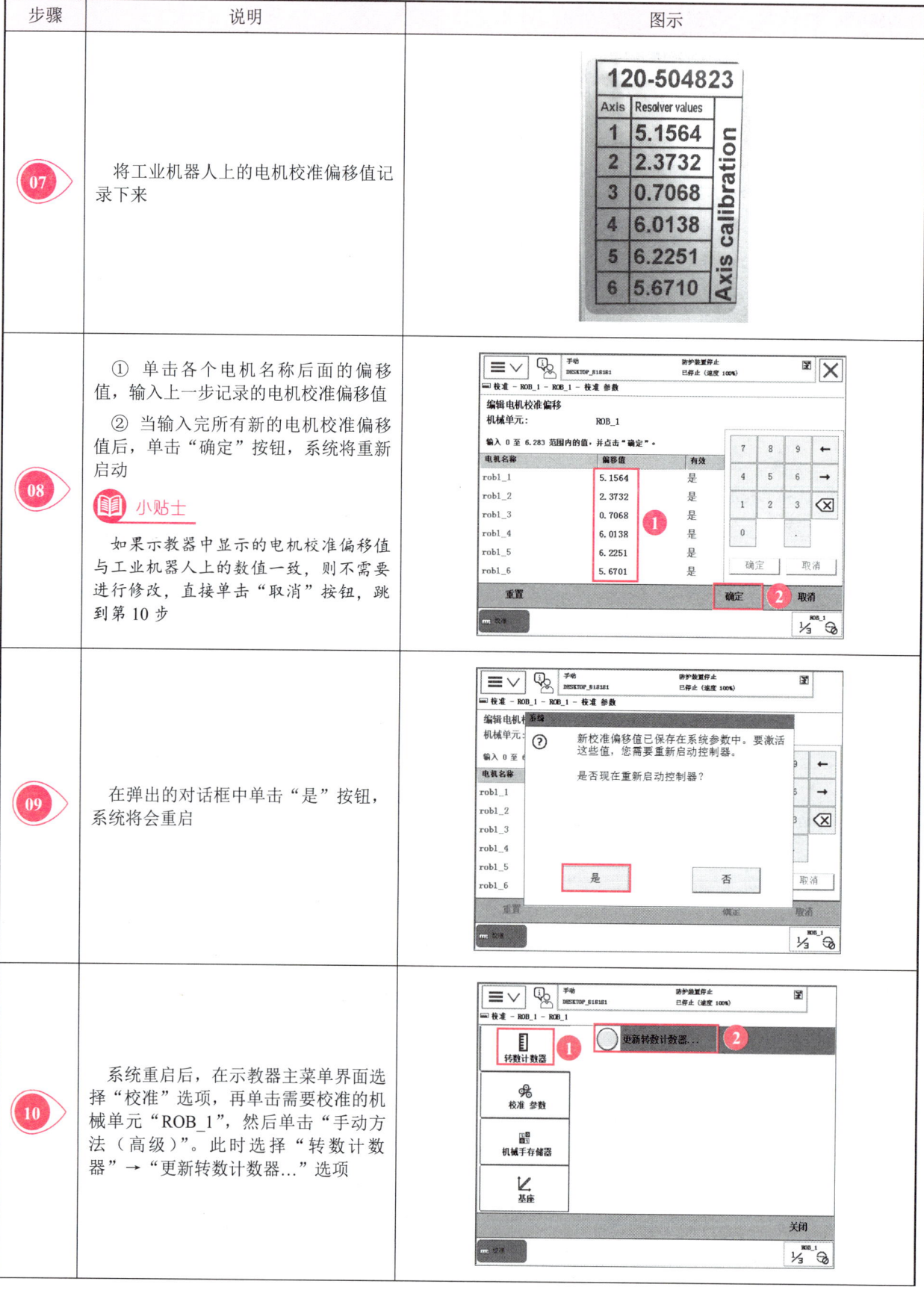

表 3-8（续）

步骤	说明	图示
11	在弹出的对话框中单击"是"按钮，确认对工业机器人进行转数计数器更新	
12	① 单击参数校准后的机械单元"ROB_1" ② 单击"确定"按钮	
13	弹出选择更新轴的界面，选择"全选"→"更新"选项	
14	在弹出的对话框中单击"更新"按钮	

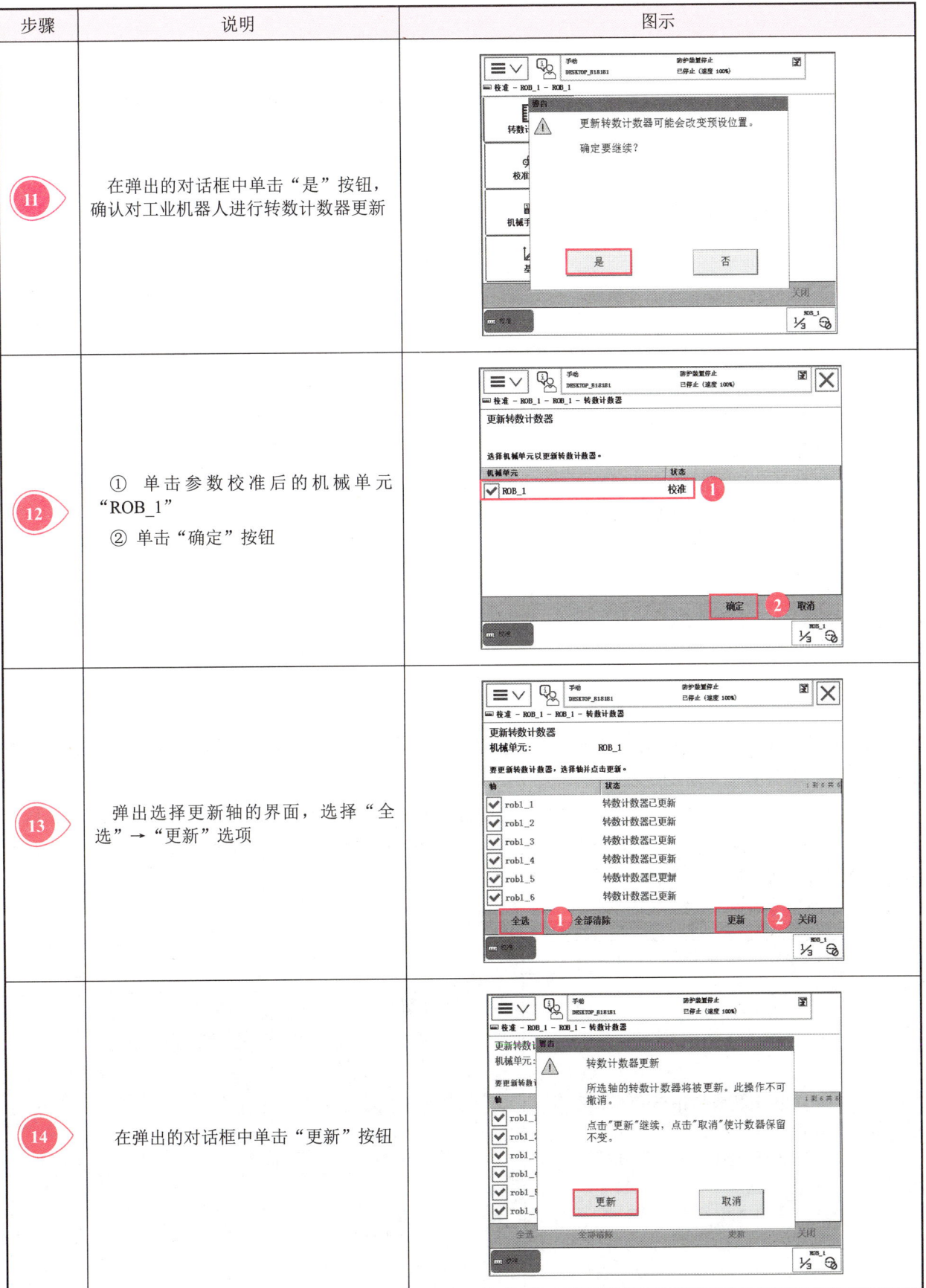

表 3-8（续）

步骤	说明	图示
15	等待系统完成更新工作。当显示"转数计数器更新已成功完成"时，单击"确定"按钮，转数计数器更新完毕	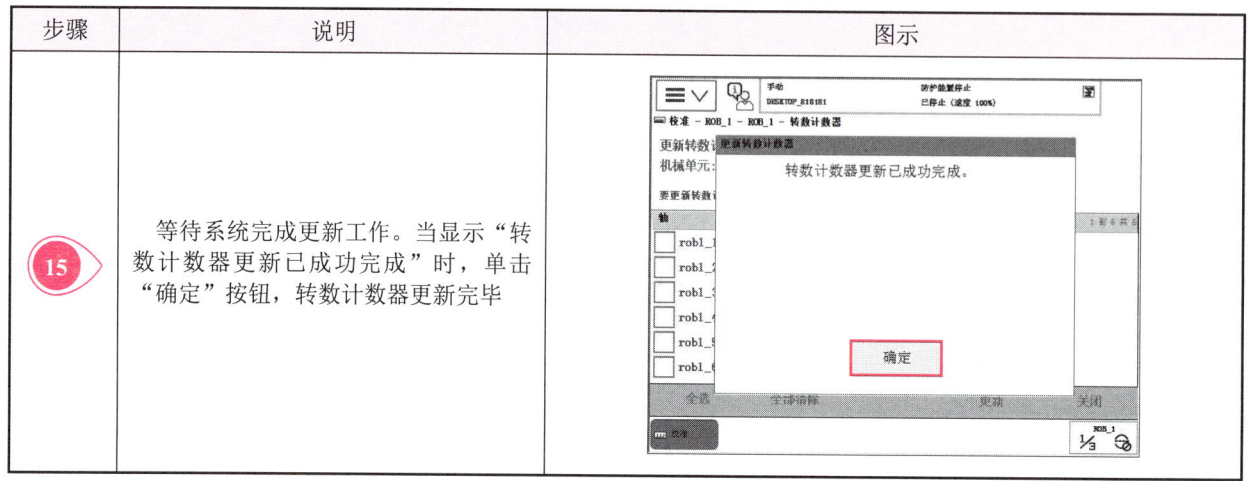

当出现以下几种情况时，需要对工业机器人的转数计数器进行更新。
（1）更换转数计数器电池后。
（2）转数计数器发生故障，并对其修复后。
（3）转数计数器与测量板之间断开后。
（4）断电后，工业机器人关节轴发生移动时。
（5）当系统报警提示"10036 转数计数器未更新"时。

3.1.4 数据备份与恢复

1. 数据备份

数据备份是指为防止系统出现操作失误或故障导致数据丢失，而将全部或部分数据集合从应用主机的硬盘复制到其他存储介质的过程。

工业机器人数据备份的对象是所有正在系统内运行的 RAPID 程序和系统参数。当工业机器人系统出现错乱或重新安装新系统后，可以通过备份的数据快速地将工业机器人恢复到数据备份时的状态。数据备份的步骤如表 3-9 所示。

表 3-9 数据备份的步骤

步骤	说明	图示
01	① 在示教器操作界面中单击"主菜单" ② 选择"备份与恢复"选项	

表 3-9（续）

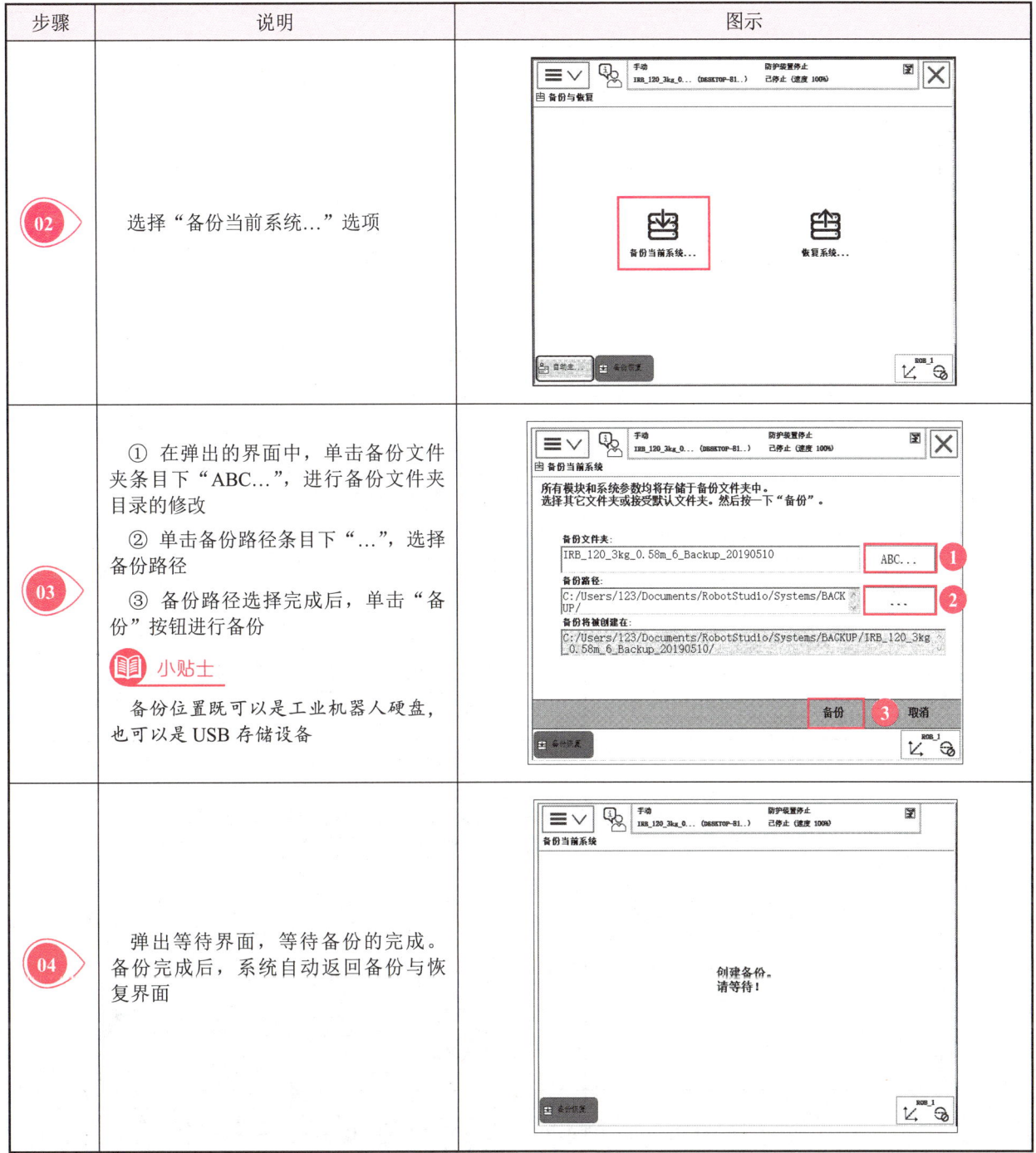

步骤	说明	图示
02	选择"备份当前系统…"选项	
03	① 在弹出的界面中，单击备份文件夹条目下"ABC…"，进行备份文件夹目录的修改 ② 单击备份路径条目下"…"，选择备份路径 ③ 备份路径选择完成后，单击"备份"按钮进行备份 **小贴士** 备份位置既可以是工业机器人硬盘，也可以是 USB 存储设备	
04	弹出等待界面，等待备份的完成。备份完成后，系统自动返回备份与恢复界面	

2. 数据恢复

在系统出现故障后或系统误操作并出现问题时，通常需要将之前备份的数据重新恢复，以便回到原来正确的系统。

由于工业机器人备份的数据具有唯一性，因此在进行数据恢复时不能将工业机器人 A 的备份数据恢复到工业机器人 B 中，否则会造成系统故障。但是，操作人员可以将程序模块和系统参数配置文件单独导入不同的工业机器人中，这种方法多在批量生产时使用。数据恢复的步骤如表 3-10 所示。

表 3-10 数据恢复的步骤

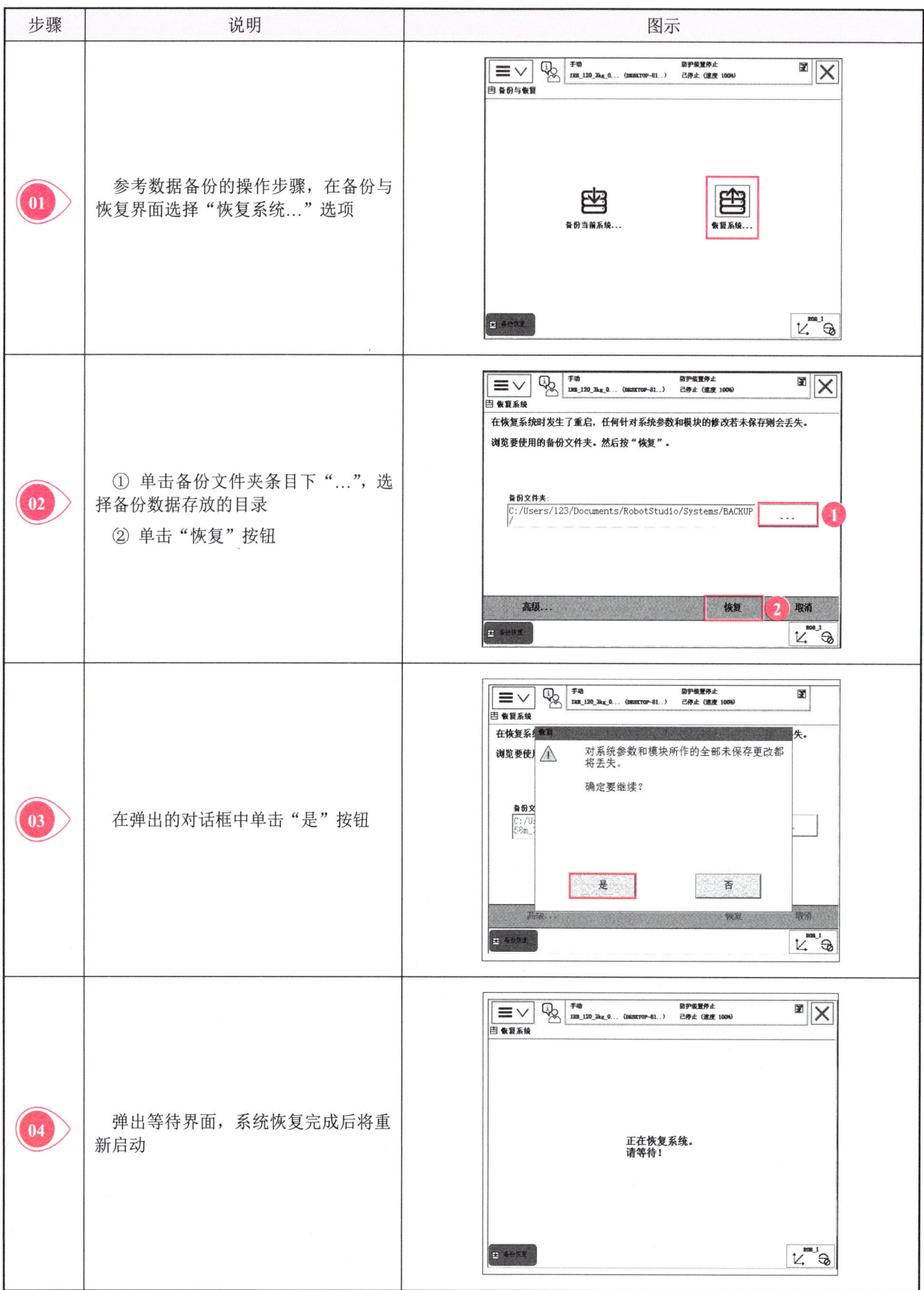

步骤	说明	图示
01	参考数据备份的操作步骤，在备份与恢复界面选择"恢复系统…"选项	
02	① 单击备份文件夹条目下"…"，选择备份数据存放的目录 ② 单击"恢复"按钮	
03	在弹出的对话框中单击"是"按钮	
04	弹出等待界面，系统恢复完成后将重新启动	

3.2 工业机器人 I/O 通信

在实际应用中,工业机器人通过 I/O 接口与周边设备进行通信,接收各种开关或传感器的信号,并发送各种控制信号,用来控制各执行器的动作或指示灯的亮灭。

3.2.1 ABB 工业机器人 I/O 接口概述

ABB 工业机器人设置了丰富的 I/O 接口,可实现与周边设备的通信,以及与计算机、工业设备及 ABB 标准通信设备的通信。其中,与工业设备主要是通过现场总线的协议形式进行通信。ABB 工业机器人常见的 I/O 接口如表 3-11 所示。

ABB 工业机器人 I/O 接口概述

表 3-11 ABB 工业机器人常见的 I/O 接口

PC 接口	现场总线	标准 I/O 板
RS-232 串口 OPC Server Socket Message	DeviceNet EtherNet/IP Profibus Profibus-DP Profinet	DSQC651 板 DSQC652 板 DSQC653 板 DSQC355A 板

- ➢ **PC 接口**:一般用于 ABB 工业机器人和 PC 之间的通信,在开发和调试 ABB 工业机器人本体系统时常使用此类 I/O 接口。
- ➢ **现场总线**:一般用于 ABB 工业机器人和周边设备之间数据量庞大的情况。现场总线中最常用的是 DeviceNet,它也被应用在标准 I/O 板中。

知识链接

在自动控制系统中,各个设备之间传送信息的公共通路称为总线。

- ➢ **标准 I/O 板**:ABB 工业机器人最常使用的一种接口方式,其本质为一种可编程控制器(PLC)。下面重点介绍 ABB 工业机器人标准 I/O 板。

3.2.2 ABB 工业机器人标准 I/O 板

在 ABB 工业机器人中,标准 I/O 板(见图 3-8)通常安装在 ABB 工业机器人的控制柜中,常用标准 I/O 板的型号及其说明如表 3-12 所示。下面主要介绍常用标准 I/O 板的相关知识。

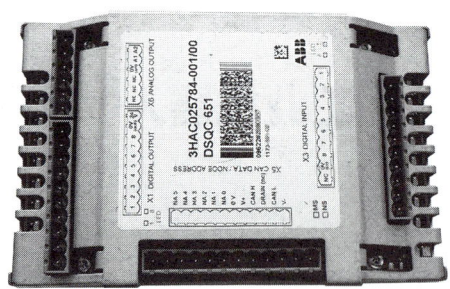

图 3-8 标准 I/O 板

表 3-12 常用标准 I/O 板的型号及其说明

型号	说明
DSQC651	分布式 I/O 模块，可以处理 8 路数字输入（DI）信号、8 路数字输出（DO）信号和 2 路模拟输出（AO）信号
DSQC652	分布式 I/O 模块，可以处理 16 路数字输入（DI）信号和 16 路数字输出（DO）信号
DSQC653	分布式 I/O 模块，可以处理 8 路数字输入（DI）信号和 8 路继电器数字输出（DO）信号
DSQC355A	分布式 I/O 模块，可以处理 4 路模拟输入（AI）信号和 4 路模拟输出（AO）信号
DSQC377A	输送链跟踪单元

1. DSQC651 板

DSQC651 板上的接口包括一个 X1 数字输出接口、一个 X3 数字输入接口、一个 X5 DeviceNet 接口和一个 X6 模拟输出接口，其接口分布如图 3-9 所示。

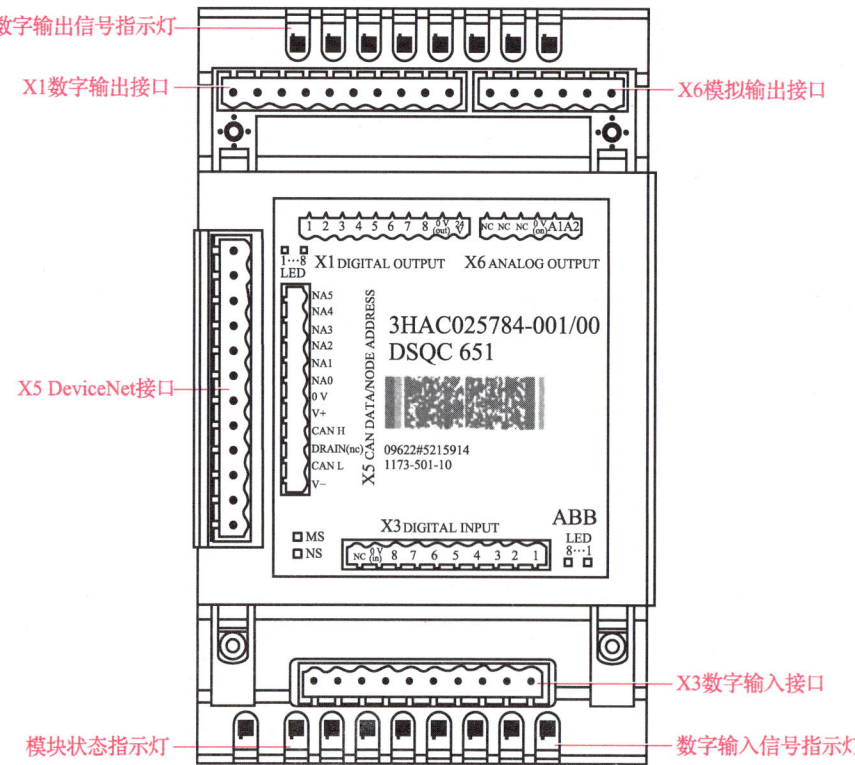

图 3-9 DSQC651 板的接口分布

（1）X1 数字输出接口：提供 8 路数字输出信号，其各端子的使用定义和地址分配如表 3-13 所示。

表 3-13　DSQC651 板 X1 数字输出接口各端子的使用定义和地址分配

X1 端子编号	使用定义	地址分配	X1 端子编号	使用定义	地址分配
1	Output ch1	32	6	Output ch6	37
2	Output ch2	33	7	Output ch7	38
3	Output ch3	34	8	Output ch8	39
4	Output ch4	35	9	0 V	
5	Output ch5	36	10	24 V	

（2）X3 数字输入接口：提供 8 路数字输入信号，其各端子的使用定义和地址分配如表 3-14 所示。

表 3-14　DSQC651 板 X3 数字输入接口各端子的使用定义和地址分配

X3 端子编号	使用定义	地址分配	X1 端子编号	使用定义	地址分配
1	Input ch1	0	6	Input ch6	5
2	Input ch2	1	7	Input ch7	6
3	Input ch3	2	8	Input ch8	7
4	Input ch4	3	9	0 V	
5	Input ch5	4	10	NC（未使用）	

（3）X5 DeviceNet 接口：标准 I/O 板都是挂在 DeviceNet 现场总线下的设备，由 X5 DeviceNet 接口与 DeviceNet 现场总线进行通信，所以要设置标准 I/O 板在 DeviceNet 现场总线中的地址（ID）。每个标准 I/O 板在 DeviceNet 现场总线中的地址都是独一无二的，以方便识别。如表 3-15 所示为 X5 DeviceNet 接口各端子的使用定义，其中第 6～12 号端子用来设定 X5 DeviceNet 接口地址，地址可用范围为 10～63（0～9 被系统占用）。如图 3-10 所示为 X5 DeviceNet 接口地址设置示意图：当要获得地址 10 时，只需要切断第 8 号和第 10 号端子所对应的针脚即可（$2^1+2^3=10$）；当要获得地址 63 时，需要同时切断第 7～12 号端子所对应的针脚；当要获得地址 0 时，则不需要切断任何针脚。

表 3-15　DSQC651 板 X5 DeviceNet 接口各端子的使用定义

X5 端子编号	使用定义
1	0 V（Black）
2	CAN_low 低电平信号线（Blue）
3	屏蔽线
4	CAN_high 高电平信号线（White）
5	24 V（Red）
6	GND 地址选择公共端
7	模块 ID bit 0（表示的值为 $2^0=1$）
8	模块 ID bit 1（表示的值为 $2^1=2$）
9	模块 ID bit 2（表示的值为 $2^2=4$）
10	模块 ID bit 3（表示的值为 $2^3=8$）
11	模块 ID bit 4（表示的值为 $2^4=16$）
12	模块 ID bit 5（表示的值为 $2^5=32$）

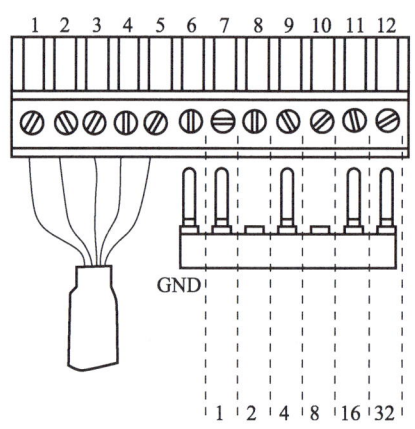

图 3-10　X5 DeviceNet 接口地址设置示意图

（4）X6 模拟输出接口：提供两路模拟输出信号，其各端子的使用定义和地址分配如表 3-16 所示。

表 3-16　DSQC651 板 X6 模拟输出接口各端子的使用定义和地址分配

X6 端子编号	使用定义	地址分配	X6 端子编号	使用定义	地址分配
1	NC（未使用）		4	0 V	
2	NC（未使用）		5	模拟输出 AO1	0～15
3	NC（未使用）		6	模拟输出 AO2	16～31

2．DSQC652 板

DSQC652 板上的接口包括一个 X1 数字输出接口、一个 X2 数字输出接口、一个 X3 数字输入接口、一个 X4 数字输入接口和一个 X5 DeviceNet 接口，其接口分布如图 3-11 所示。

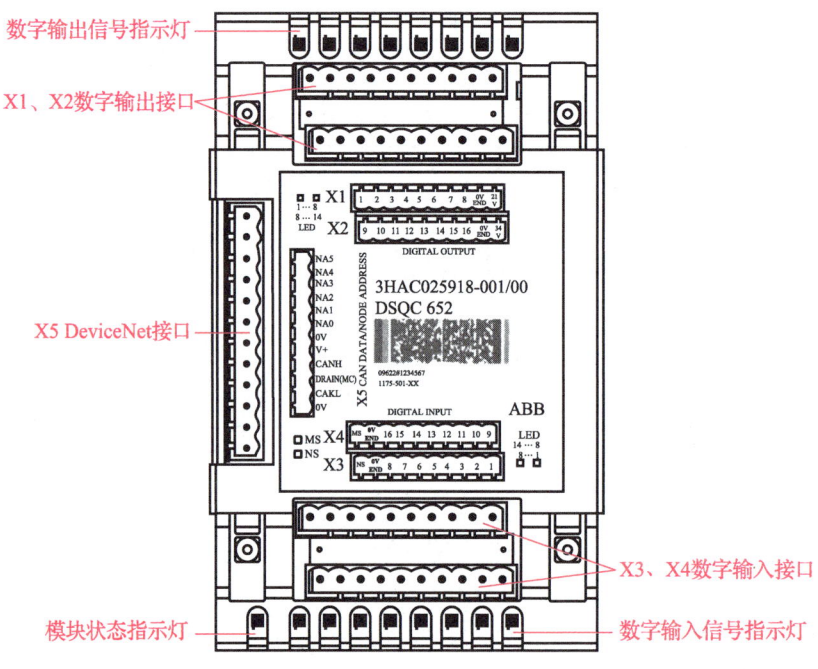

图 3-11　DSQC652 板的接口分布

（1）X1 数字输出接口：提供 8 路数字输出信号，其各端子的使用定义和地址分配如表 3-17 所示。

表 3-17　DSQC652 板 X1 数字输出接口各端子的使用定义和地址分配

X1 端子编号	使用定义	地址分配	X1 端子编号	使用定义	地址分配
1	Output ch1	0	6	Output ch6	5
2	Output ch2	1	7	Output ch7	6
3	Output ch3	2	8	Output ch8	7
4	Output ch4	3	9	0 V	
5	Output ch5	4	10	24 V	

（2）X2 数字输出接口：提供 8 路数字输出信号，其各端子的使用定义和地址分配如表 3-18 所示。

表 3-18　DSQC652 板 X2 数字输出接口各端子的使用定义和地址分配

X2 端子编号	使用定义	地址分配	X2 端子编号	使用定义	地址分配
1	Output ch9	8	6	Output ch14	13
2	Output ch10	9	7	Output ch15	14
3	Output ch11	10	8	Output ch16	15
4	Output ch12	11	9	0 V	
5	Output ch13	12	10	24 V	

（3）X3 数字输入接口：提供 8 路数字输入信号，其各端子的使用定义和地址分配同 DSQC651 板，如表 3-14 所示。

（4）X4 数字输入接口：提供 8 路数字输入信号，其各端子的使用定义和地址分配如表 3-19 所示。

表 3-19　DSQC652 板 X4 数字输入接口各端子的使用定义和地址分配

X4 端子编号	使用定义	地址分配	X4 端子编号	使用定义	地址分配
1	Input ch9	8	6	Input ch14	13
2	Input ch10	9	7	Input ch15	14
3	Input ch11	10	8	Input ch16	15
4	Input ch12	11	9	0 V	
5	Input ch13	12	10	NC（未使用）	

（5）X5 DeviceNet 接口：其各端子的使用定义同 DSQC651 板，如表 3-15 所示。

3．DSQC653 板

DSQC653 板上的接口包括一个 X1 继电器数字输出接口、一个 X3 数字输入接口和一个 X5 DeviceNet 接口，其接口分布如图 3-12 所示。

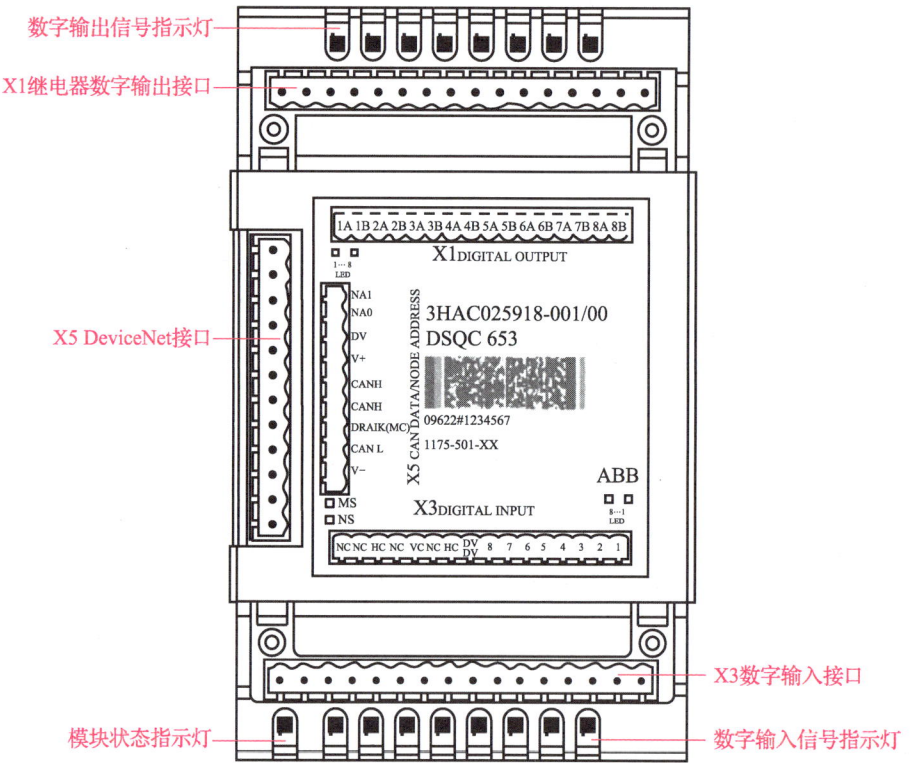

图 3-12　DSQC653 板的接口分布

（1）X1 继电器数字输出接口：提供 8 路继电器数字输出信号，其各端子的使用定义和地址分配如表 3-20 所示。

表 3-20　DSQC653 板 X1 继电器数字输出接口各端子的使用定义和地址分配

X1 端子编号	使用定义	地址分配	X1 端子编号	使用定义	地址分配
1	Output ch1A	0	9	Output ch5A	4
2	Output ch1B		10	Output ch5B	
3	Output ch2A	1	11	Output ch6A	5
4	Output ch2B		12	Output ch6B	
5	Output ch3A	2	13	Output ch7A	6
6	Output ch3B		14	Output ch7B	
7	Output ch4A	3	15	Output ch8A	7
8	Output ch4B		16	Output ch8B	

（2）X3 数字输入接口：提供 8 路数字输入信号，其各端子的使用定义和地址分配如表 3-21 所示。

表 3-21　DSQC653 板 X3 数字输入接口各端子的使用定义和地址分配

X3 端子编号	使用定义	地址分配	X3 端子编号	使用定义	地址分配
1	Input ch1	0	6	Input ch6	5
2	Input ch2	1	7	Input ch7	6
3	Input ch3	2	8	Input ch8	7
4	Input ch4	3	9	0 V	
5	Input ch5	4	10～16	NC（未使用）	

（3）X5 DeviceNet 接口：其各端子的使用定义同 DSQC651 板，如表 3-15 所示。

4. DSQC355A 板

DSQC355A 板的接口包括一个 X3 供电电源接口、一个 X5 DeviceNet 接口、一个 X7 模拟输出接口和一个 X8 模拟输入接口，其接口分布如图 3-13 所示。

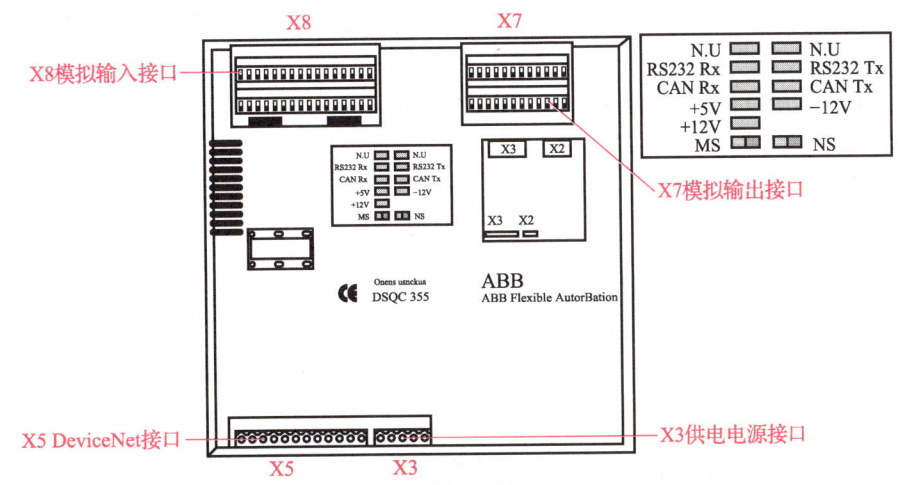

图 3-13　DSQC355A 板的接口分布

（1）X3 供电电源接口：其各端子的使用定义如表 3-22 所示。

表 3-22　DSQC355A 板 X3 供电电源接口各端子的使用定义

X3 端子编号	使用定义	X3 端子编号	使用定义
1	0 V	4	NC（未使用）
2	NC（未使用）	5	24 V
3	接地		

（2）X5 DeviceNet 接口：其各端子的使用定义同 DSQC651 板，如表 3-15 所示。

（3）X7 模拟输出接口：提供 4 路模拟输出信号，其各端子的使用定义和地址分配如表 3-23 所示。

表 3-23　DSQC355A 板 X7 模拟输出接口各端子的使用定义和地址分配

X7 端子编号	使用定义	地址分配	X7 端子编号	使用定义	地址分配
1	模拟输出 AO1，−10 V/＋10 V	0～15	19	模拟输出 AO1，0 V	
2	模拟输出 AO2，−10 V/＋10 V	16～31	20	模拟输出 AO2，0 V	
3	模拟输出 AO3，−10 V/＋10 V	32～47	21	模拟输出 AO3，0 V	
4	模拟输出 AO4，4～20 mA	48～63	22	模拟输出 AO4，0 V	
5～18	NC（未使用）		23～24	NC（未使用）	

（4）X8 模拟输入接口：提供 4 路模拟输入信号，其各端子的使用定义和地址分配如表 3-24 所示。

表 3-24　DSQC355A 板 X8 模拟输入接口各端子的使用定义和地址分配

X8 端子编号	使用定义	地址分配	X8 端子编号	使用定义	地址分配
1	模拟输入 AI1，−10 V/+10 V	0～15	25	模拟输入 AI1，0 V	
2	模拟输入 AI2，−10 V/+10 V	16～31	26	模拟输入 AI2，0 V	
3	模拟输入 AI3，−10 V/+10 V	32～47	27	模拟输入 AI3，0 V	
4	模拟输入 AI4，4～20 mA	48～63	28	模拟输入 AI4，0 V	
5～16	NC（未使用）		29～32	0 V	
17～24	24 V				

5. DSQC377A 板

DSQC377A 板的接口包括一个 X3 供电电源接口、一个 X5 DeviceNet 接口和一个 X20 编码器与同步开关接口，其接口分布如图 3-14 所示。

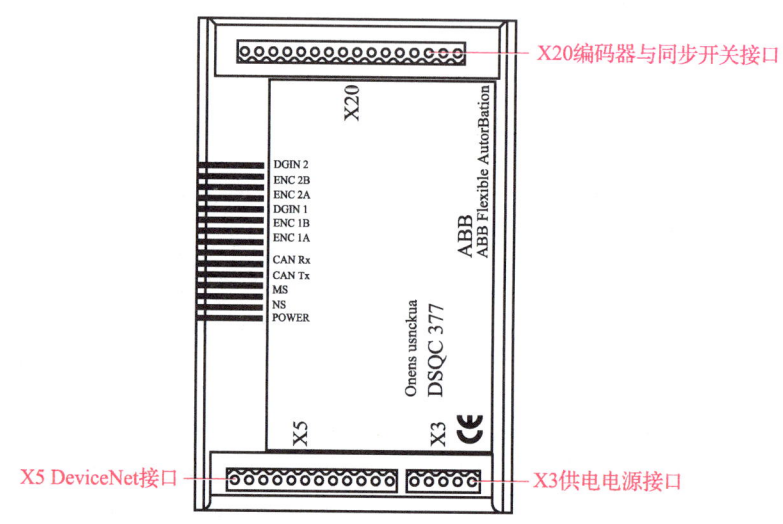

图 3-14　DSQC377A 板的接口分布

（1）X3 供电电源接口：其各端子的使用定义同 DSQC355A 板，如表 3-22 所示。

（2）X5 DeviceNet 接口：其各端子的使用定义同 DSQC651 板，如表 3-15 所示。

（3）X20 编码器与同步开关接口：其各端子的使用定义如表 3-25 所示。

表 3-25　DSQC377A 板 X20 编码器与同步开关接口各端子的使用定义

X20 端子编号	使用定义	X20 端子编号	使用定义
1	24 V	6	编码器 1，B 相
2	0 V	7	数字输入信号 1，24 V
3	编码器 1，24 V	8	数字输入信号 1，0 V
4	编码器 1，0 V	9	数字输入信号 1，信号
5	编码器 1，A 相	10～16	NC（未使用）

3.2.3 定义 I/O 信号

I/O 信号是输入信号（input signal）和输出信号（output signal）的英文首字母缩写，输入信号通常由开关、传感器等产生并以电信号的形式输入工业机器人系统中，从而触发工业机器人对应运动程序的执行；输出信号由工业机器人系统产生，以电信号的形式输出到周边设备，通常用于控制信号指示灯、吸盘、抓手等设备或与 PLC 进行信号传递。

ABB 工业机器人的 I/O 信号接到相应的标准 I/O 板后，在 ABB 工业机器人系统中要进行定义，定义后才能在编程中进行使用。ABB 工业机器人标准 I/O 板提供的常用处理信号有数字输入（DI）、数字输出（DO）、组输入（GI）、组输出（GO）、模拟输入（AI）和模拟输出（AO）等信号。下面以最常用的标准 I/O 板 DSQC651 板为例，介绍定义 I/O 信号的相关知识。

1. 定义 DSQC651 板的总线连接

标准 I/O 板都是挂在 DeviceNet 现场总线下的设备，通过 X5 DeviceNet 接口与 DeviceNet 现场总线进行通信。定义 DSQC651 板总线连接的相关参数如表 3-26 所示。

表 3-26 定义 DSQC651 板总线连接的相关参数

参数名称	设定值	说明
Name	Board10	设定标准 I/O 板在系统中的名字
Type of Unit	D651	设定标准 I/O 板的类型
Connected to Bus	DeviceNet1	设定标准 I/O 板连接的总线
DeviceNet Address	10	设定标准 I/O 板在总线中的地址

将标准 I/O 板定义好后，关键是要对数字输入信号和数字输出信号进行定义。

2. 定义数字输入信号

定义数字输入信号的相关参数如表 3-27 所示。

表 3-27 定义数字输入信号的相关参数

参数名称	设定值	说明
Name	DI1	设定数字输入信号的名字
Type of Signal	Digital Input	设定信号的种类
Assigned to Device	Board10	设定信号所在的 I/O 模块
Device Mapping	0	设定信号所占用的地址

3. 定义数字输出信号

定义数字输出信号的相关参数如表 3-28 所示。

表 3-28　定义数字输出信号的相关参数

参数名称	设定值	说明
Name	DO1	设定数字输出信号的名字
Type of Signal	Digital Output	设定信号的种类
Assigned to Device	Board10	设定信号所在的 I/O 模块
Device Mapping	32	设定信号所占用的地址

4. 定义组输入信号

在 ABB 工业机器人中可以将多个数字输入信号定义为一个组，这样可提高输入信号的灵活性，方便使用。定义组输入信号的相关参数如表 3-29 所示。

表 3-29　定义组输入信号的相关参数

参数名称	设定值	说明
Name	GI1	设定组输入信号的名字
Type of Signal	Group Input	设定信号的种类
Assigned to Device	Board10	设定信号所在的 I/O 模块
Device Mapping	0～2	设定信号所占用的地址

5. 定义组输出信号

定义组输出信号的相关参数如表 3-30 所示。

表 3-30　定义组输出信号的相关参数

参数名称	设定值	说明
Name	GO1	设定组输出信号的名字
Type of Signal	Group Output	设定信号的种类
Assigned to Device	Board10	设定信号所在的 I/O 模块
Device Mapping	33～36	设定信号所占用的地址

对于模拟输入信号和模拟输出信号这里不再赘述，具体的设置参数可参照 ABB 工业机器人产品说明书。

📝 笔记

3.3 工业机器人程序数据

3.3.1 程序数据的定义

程序数据是程序模块或系统模块中设定的值和定义的一些环境数据。建立好的程序数据可通过同一个模块或其他模块中的指令进行引用。

以运动指令：MoveJ p10,v1000,z50,tool0 为例，该运动指令调用了 4 个程序数据。这 4 个程序数据的说明如表 3-31 所示。

表 3-31 程序数据的说明

程序数据	数据类型	说明
p10	robtarget	工业机器人运动目标位置数据
v1000	speeddata	工业机器人运动速度数据
z50	zonedata	工业机器人运动转弯数据
tool0	tooldata	工业机器人工具数据

3.3.2 程序数据的类型及存储类型

1. 程序数据的类型

ABB 工业机器人的程序数据一共有 76 种类型，操作人员可在示教器的程序数据界面查看和建立所需要的程序数据，也可按实际情况建立所需要的程序数据。ABB 工业机器人系统常用的程序数据及其说明如表 3-32 所示。

程序数据的类型及存储类型

表 3-32 ABB 工业机器人系统常用的程序数据及其说明

程序数据	说明	程序数据	说明
bool	布尔量数据	pos	位置数据（只有 X、Y 和 Z 参数）
byte	整数数据 0~255	pose	坐标转换
clock	计时数据	robjoint	工业机器人轴角度数据
dionum	数字输入/输出信号数据	robtarget	工业机器人与外轴的位置数据
extjoint	外轴位置数据	speeddata	工业机器人与外轴的速度数据
intnum	中断标识符	string	字符串
jointtarget	关节位置数据	tooldata	工具数据
loaddata	有效载荷数据	trapdata	中断数据
mecunit	机械装置数据	wobjdata	工件数据
num	数值数据	zonedata	TCP 转弯半径数据
orient	姿态数据		

2. 程序数据的存储类型

ABB 工业机器人程序数据的存储类型可分为常量（CONST）、变量（VAR）和可变量（PERS）三种。
- ➤ **常量**：在定义时已赋予了数值，不能在程序中进行赋值操作，需要修改时只能手动修改。
- ➤ **变量**：在定义时赋予了变量数据的初始值，也可在程序中进行赋值操作。变量数据在程序执行的过程中和停止时，会保持当前的数值。但如果程序指针复位或 ABB 工业机器人控制器重启，变量数据会恢复为初始值。
- ➤ **可变量**：没有初始值，可在程序中进行赋值操作。无论程序指针如何变化，也不论 ABB 工业机器人控制器是否重启，可变量数据都会保持为最后赋予的值。

视野拓展

程序指针是编程语言中的一个对象，它的数值直接指向存在存储器中某处的值。如果将 ABB 工业机器人的存储器当成一本书，指针便是一张记录了书中某个页码的便利贴。

3.3.3 建立程序数据

在 ABB 工业机器人系统中，可以通过以下两种方式建立程序数据。
（1）直接在示教器的程序数据界面中建立程序数据。
（2）在建立程序指令的同时，自动生成对应的程序数据。

3.3.4 三个关键程序数据的设定方法

在进行正式的编程之前，需要建立三个关键程序数据，即工具数据 tooldata、工件数据 wobjdata 和有效载荷数据 loaddata。这三个关键程序数据是构建工业机器人编程环境的必要条件。下面介绍这三个关键程序数据的设定方法。

1. 工具数据 tooldata 的设定

工具数据是用于描述安装在工业机器人第 6 轴上工具的 TCP、质量和重心等参数的数据。工具数据会影响工业机器人的控制算法、速度和加速度的监控、力矩的监控、碰撞的监控及能量的监控等，因此必须正确设定。

工业机器人在进行不同的作业时会安装不同的工具。例如，用于弧焊的工业机器人使用弧焊枪作为工具，用于搬运的工业机器人使用吸盘式夹具作为工具。

默认工具的 TCP 位于工业机器人安装法兰的中心，如图 3-15 所示。所有工业机器人的腕部都有一个预定义的原始工具坐标系，该工具坐标系被称为 tool0。当腕部安装工具后，其工具坐标系则被定义为 tool0 的偏移值，此工具坐标系的原点便为工具的 TCP。执行程序时，工业机器人便可将工具的 TCP 移动至编程位置。

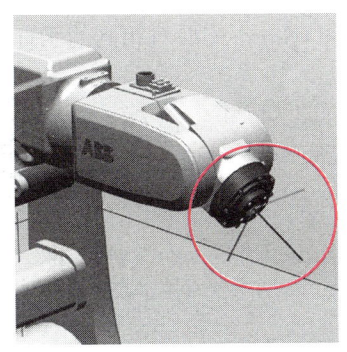

图 3-15 默认工具的 TCP

知识链接

当更换工具时,只需要重新定义工具坐标系(不用更改程序)便可使工具的 TCP 实现相同的移动。这是因为工具坐标系建立在 tool0 的基础上,而 tool0 和工具之间的相对位置和姿态没有发生变化。

工业机器人 TCP 数据的设定方法如下。

(1)在工业机器人工作范围内设定一个非常精确的固定点作为参考点。

(2)在工业机器人已安装的工具上设定一个参考点(最好是工具的中心点)。

(3)用手动操纵工业机器人的方法移动工具,使工具参考点以至少 4 种不同的姿态尽可能地与固定点接触。为获得更准确的 TCP 数据,常使用六点法进行操作,第四点是使工具参考点垂直于固定点,第五点是使工具参考点从固定点向将要设定为 TCP 的 X 轴方向移动,第六点是使工具参考点从固定点向将要设定为 TCP 的 Z 轴方向移动。

(4)工业机器人通过上述各点的位置数据计算求得 TCP 数据,并保存在 tooldata 程序数据中,以供程序调用。

视野拓展

除六点法之外,工业机器人 TCP 数据还可通过四点法和五点法设定。其中,四点法不改变 tool0 的坐标轴方向;五点法改变 tool0 的 Z 轴方向;六点法改变 tool0 的 X 轴和 Z 轴方向。在获取前三个点的位置姿态时,其位置姿态相差越大,最终获取 TCP 数据的精度越高。

2. 工件数据 wobjdata 的设定

工件数据是指工件相对于大地坐标系或其他坐标系的位置。工业机器人可以有若干工件坐标系,既能表示不同工件,又能表示同一工件在不同位置的若干副本。对工业机器人进行编程时,可在工件坐标系中创建目标和路径,这样做有以下两个优点。

➢ 重新定位工件时,只需要更改工件坐标系的位置,所有路径将随之更新。

➢ 允许操作沿外轴或传送导轨移动的工件,因为整个工件可连同其路径一起移动。

如图 3-16 所示为工件数据中的坐标系,其中Ⓐ是工业机器人的大地坐标系,为方便编程,为第一个工件建立了一个工件坐标系Ⓑ,并在这个工件坐标系Ⓑ中进行轨迹编程。若工作台上还有一个相同的工件需要走相同的轨迹,则需要建立一个工件坐标系Ⓒ,将工件坐标系Ⓑ中的轨迹程序复制一份,然后工件坐标系Ⓑ便更新为工件坐标系Ⓒ，不需要对相同的工件进行重复轨迹编程。

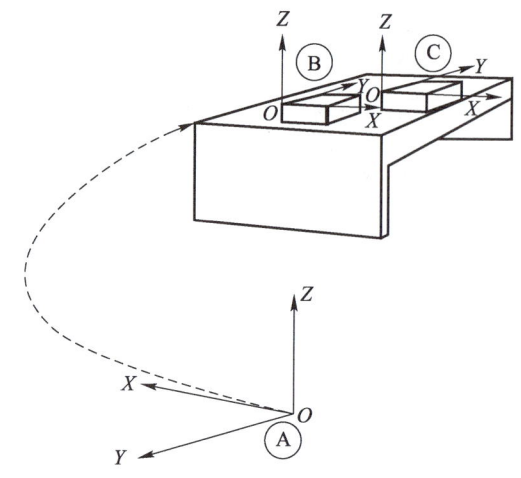

图 3-16　工件数据中的坐标系

如图 3-17 所示，若在工件坐标系Ⓒ中对 A 对象进行轨迹编程，当工件坐标系Ⓒ的位置变成工件坐标系Ⓓ后，则只需要在工业机器人系统中重新定义工件坐标系Ⓓ，A 对象的轨迹便自动更新到 B 了，而不需要再次进行轨迹编程。因为 A 相对于 B 和Ⓒ相对于Ⓓ的关系是一样的，并没有因整体移动而发生变化。

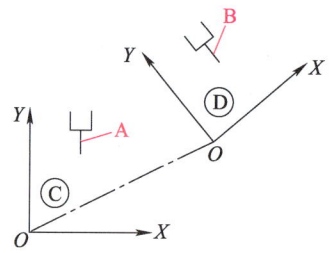

图 3-17　工件坐标系的移动

如图 3-18 所示，在设定工件数据 wobjdata 时，通常采用三点法，即在对象表面位置或工件边缘角位置上定义 X_1、X_2、Y_1 三个点，来建立一个工件坐标系，具体如下。

（1）点 X_1 确定工件坐标系的原点。

（2）点 X_1 和点 X_2 确定工件坐标系 X 轴的正方向。

（3）点 Y_1 确定工件坐标系 Y 轴的正方向。

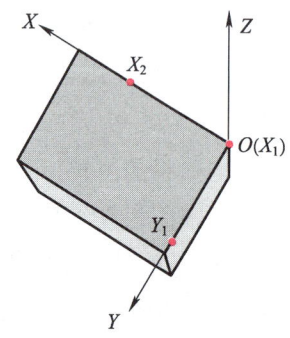

图 3-18　工件坐标系的建立

此外，建立的工件坐标系应符合右手定则，如图 3-19 所示。

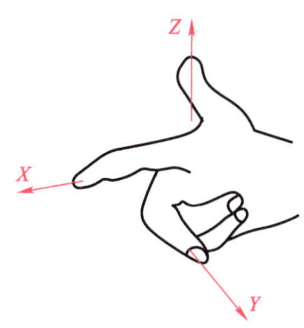

图 3-19　右手定则

3. 有效载荷数据 loaddata 的设定

对于搬运机器人，由于其臂部承受的重量是不断变化的，因此不仅要正确设定搬运机器人夹具的质量和重心等工具数据 tooldata，还要设定搬运对象的质量和重心等有效载荷数据 loaddata。

在工具数据 tooldata 和有效载荷数据 loaddata 的设定中，需要用户自己测量工具或夹具的质量和重心，然后再填写参数。这必然会产生一定的误差，通常可使用工具自动识别程序 LoadIdentify 来解决这个问题。

> **知识链接**
>
> 工具自动识别程序 LoadIdentify 是 ABB 开发的用于工业机器人自动识别安装在第 6 轴法兰的工具数据 tooldata 和有效载荷数据 loaddata。在手持工具应用中，应使用工具自动识别程序 LoadIdentify 识别工具的质量和重心；在手持夹具应用中，应使用工具自动识别程序 LoadIdentify 识别夹具和搬运对象的质量和重心。

品于行，创于新

让工业机器人更"聪明"

给工业机器人装上明亮的眼睛、聪明的大脑，让它们看懂世界、学习技能……这是科幻小说里的情节，也是卢策吾孜孜以求的梦想。

十几年前，当人工智能还很小众时，卢策吾投身其中。在人工智能成为热门领域的今天，他并未逐热盲从，坚守前沿基础研究，带领团队研发出人体行为引擎、工业机器人通用学习系统等一系列处于国际先进水平的人工智能框架和数据集。

卢策吾的科学理想萌芽于初中。当时，他喜欢推导数学公式，而且发现自己推导出来的公式和老师讲的相差无几，满足感充盈着他的内心。在读大学时，当卢策吾第一次听到老师提及"移动基站通常采用蜂窝式的最佳组网布局"后，他就自己琢磨蜂窝式为什么是最优解，并一步一步推导，严谨而完整地证明了出来。"科研就是找寻一套科学的语言来认知和刻画世界。"这与他多年后从事的人工智能研究有相通的底层逻辑——赋予工业机器人科学思维，让它们认知和建构世界。

人脑所获得的外界信息中，70%以上来自视觉，工业机器人亦是如此。要想让工业机器人变得聪明，首先要让它看清楚、看明白。卢策吾在攻读博士期间参与发起了"视觉关系检测"的课题，研究图像中物体之间的联系。在一次次课题组讨论中，他总能提出不同的研究思路。"每个科研人员手里都有一张学术地图，如果只是复制粘贴，就无法进步。"探索绘制属于自己的学术地图，被卢策吾称为科研自觉。他志存高远，想将工业机器人培养成为"上得厅堂、下得厨房"的多面手，于是他带着自己的学术地图组建研究团队，开启深入研究。

卢策吾坦言，刚开始他有些过度乐观，以为只要眼和脑搞定了，安装上机械臂，无非就是解决转动角度的问题。但他深入研究后才发现，软硬件协同远比他想象的复杂，在电脑上学习和在机器上学习是两码事，实验室刚开始训练出来的机械臂"呆若木鸡"，"看到"物体后在原地转圈。卢策吾沉心反思，优化算法，制订更加扎实可行的技术路线。

经过近7年的打磨，他的团队实现了工业机器人的自主学习。智能机械臂1 h内不仅能精准抓取近1 000个物体，包括小到5 mm的碎渣残片、大到9 cm的圆球方盒，还能抓到在水里游动的鱼，实现了对未知动态物体的抓取。

（资料来源：黄晓慧，《让机器人更"聪明"》，《人民日报》2024年1月22日）

项目实训——利用示教器手动操纵工业机器人

利用示教器对工业机器人进行手动操纵是每一个工业机器人操作人员都应掌握的基本技能。下面以 ABB 公司 IRB 1100-4/0.47 型工业机器人为例,对手动操纵步骤进行简单说明。

(1)手持示教器,用触摸笔在触摸屏上选择"手动操纵"选项,如图 3-20 所示。

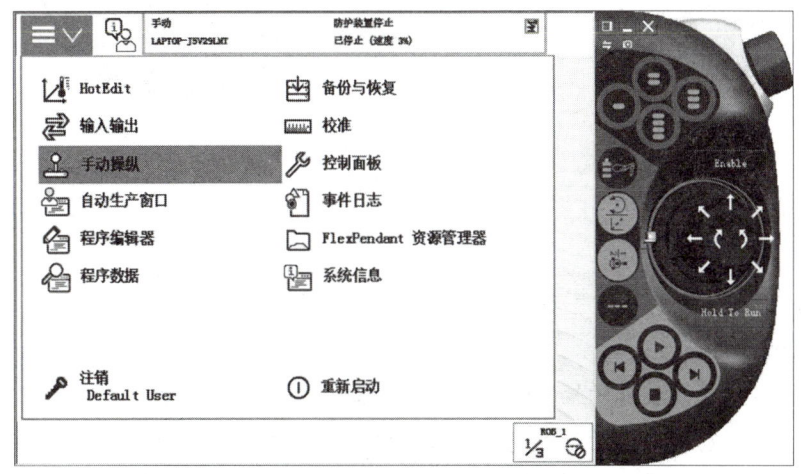

图 3-20 步骤(1)

(2)在触摸屏上选择"动作模式"选项,如图 3-21 所示。

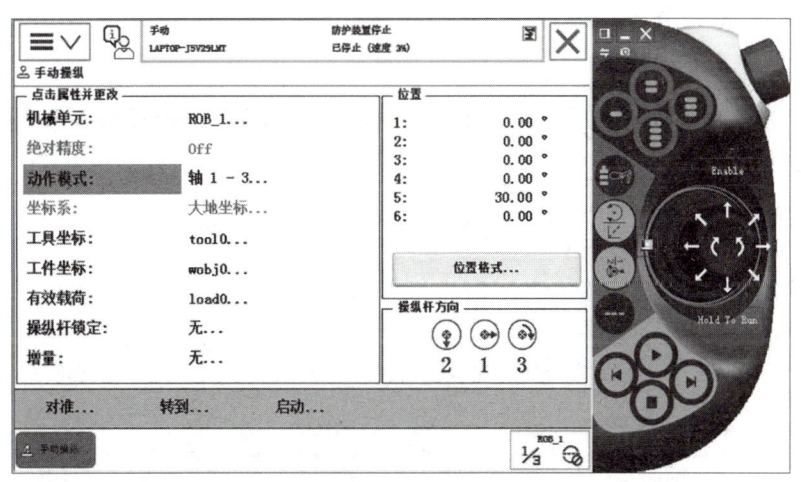

图 3-21 步骤(2)

(3)如图 3-22 所示,在动作模式中会出现 4 个选项,分别为"轴 1-3""轴 4-6""线性"和"重定位"。其中,"轴 1-3"和"轴 4-6"选项为单轴运动。

选择"轴 1-3"选项,按下使能器按钮到第一挡,然后操纵示教器手动操纵杆做左右、上下和旋转运动,便可分别控制工业机器人的轴 1、轴 2 和轴 3 运动。

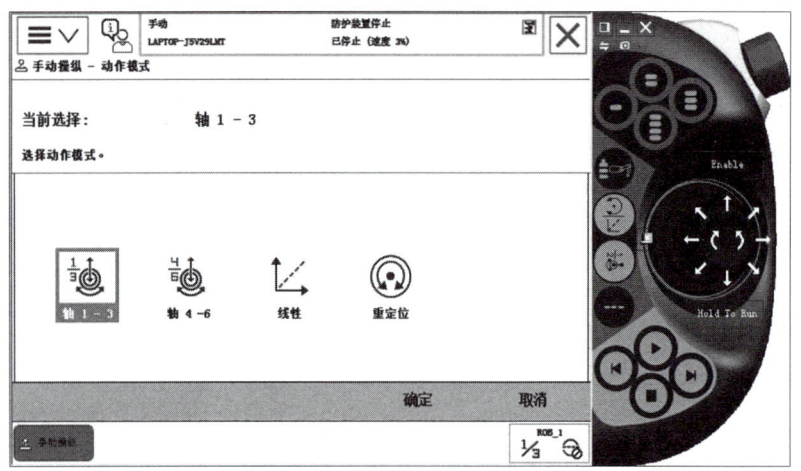

图 3-22 步骤（3）

视野拓展

手动操纵时，可以将示教器的手动操纵杆想象为汽车的油门，手动操纵杆扳动或旋转的幅度会直接影响工业机器人的运行速度。

（1）手动操纵杆扳动或旋转的幅度越小，工业机器人的运行速度越慢。

（2）手动操纵杆扳动或旋转的幅度越大，工业机器人的运行速度越快。

在手动操纵工业机器人时，应尽量小幅度操纵手动操纵杆，使工业机器人在慢速状态下运行，可控性会比较高。

实训拓展

请大家根据上述手动操纵的步骤，利用示教器校准工业机器人，并将校准步骤及校准过程中需要注意的事项记录下来。

项目综合考核

1. 填空题

（1）示教器主要由_____、_____、触摸笔、_____、_____、_____、示教器复位按钮和手动操纵杆等组成。

（2）工业机器人的手动操纵包括_____、_____和_____三种模式。

（3）_____是ABB工业机器人最常使用的一种接口方式，其本质为一种可编程控制器（PLC）。

（4）ABB工业机器人程序数据的存储类型可分为_____、_____和_____三种。

2. 选择题

（1）工业机器人的重定位运动是指工业机器人的（　　）以其TCP为坐标原点，在空间中绕着坐标轴做旋转运动。

    A．臂部　　　　　　　　　　B．腕部
    C．末端执行器　　　　　　　D．基座

（2）默认工具的TCP位于工业机器人（　　）。

    A．基座的中心　　　　　　　B．手爪的中心
    C．安装法兰的中心　　　　　D．以上都不是

（3）ABB工业机器人程序中代表速度的参数是（　　）。

    A．moveJ　　　　　　　　　B．tool0
    C．z10　　　　　　　　　　 D．v100

3. 简答题

（1）转数计数器在什么情况下需要进行更新？

（2）在ABB工业机器人系统中，通过什么方式建立程序数据？

（3）工业机器人TCP数据的设定方法是什么？

项目综合评价

各小组成员配合指导教师完成如表 3-33 所示的学习成果评价表。

表 3-33 学习成果评价表

班级		组号		日期	
姓名		学号		指导教师	
项目名称		调试工业机器人			
评价项目	评价内容		评价方式	满分/分	评分/分
知识（40%）	掌握工业机器人的操作基础		理论测试	9	
	了解 ABB 工业机器人 I/O 接口的分类			5	
	掌握 ABB 工业机器人标准 I/O 板的相关知识			8	
	了解定义 I/O 信号的相关知识			5	
	掌握工业机器人程序数据的定义、类型及存储类型			8	
技能（40%）	了解工业机器人三个关键程序数据的设定方法			5	
	能够利用示教器手动操纵工业机器人		实践操作	20	
	能够利用示教器校准工业机器人			20	
素质（20%）	遵守课堂纪律，认真学习和讨论		综合评判	6	
	认真负责，按时完成学习、实践任务			4	
	与组员团结合作、互相帮助			4	
	服从指挥，遵守课堂纪律			4	
	具有安全责任意识和创新思维			2	
合计				100	
自我评价					
指导教师评价					

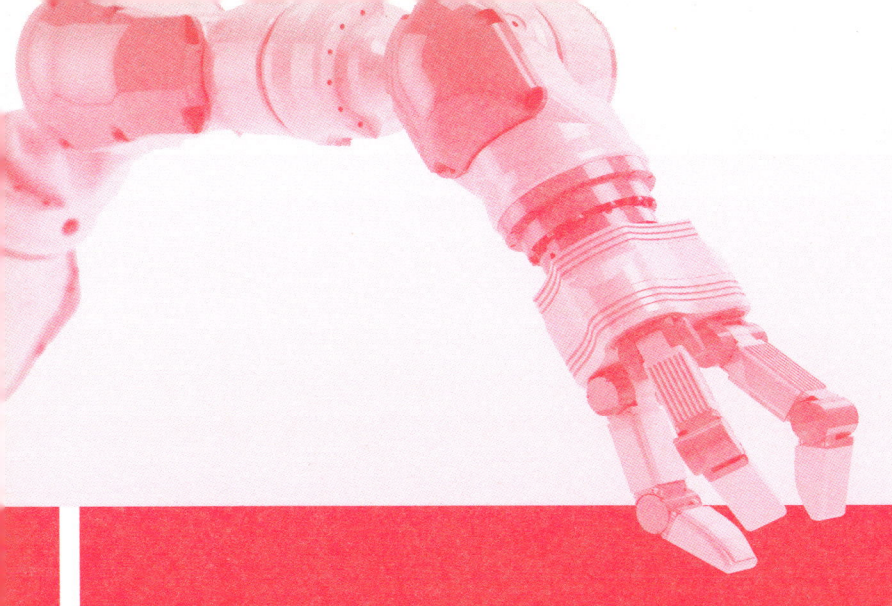

项目 4
认识工业机器人编程

项目导读

程序就像是工业机器人的思维，让工业机器人知道自己该做什么，而人类赋予工业机器人思维的过程就是编程。工业机器人要实现一定的动作和功能，除了依靠工业机器人的硬件支撑外，大部分是靠编程来完成的。

在进行工业机器人编程时，应使用编程语言来描述工业机器人的运动轨迹。通过编程语言的描述，才能使工业机器人按照既定的运动轨迹和作业指令完成各种操作。

知识目标

- 掌握工业机器人编程方式。
- 了解工业机器人编程语言。
- 掌握 RAPID 程序的基本架构。
- 掌握常用的 RAPID 程序指令。

技能目标

- 能够建立 RAPID 程序。
- 能够调试 RAPID 程序。
- 能够自动运行 RAPID 程序。

素质目标

- 树立远大的职业理想，激发投身国家建设的使命担当。
- 养成脚踏实地、求真务实、终身学习的职业素养。

项目工单——建立和运行 RAPID 程序

1. 项目描述

本项目要求学生以小组为单位,详细了解工业机器人的编程方式及编程语言,并建立和运行 RAPID 程序,将建立和运行 RAPID 程序的重要步骤及注意事项记录下来。

2. 小组分工

学生以 3~5 人为一组,选出组长并进行小组分工,将小组概况及分工填入表 4-1 中。

表 4-1 小组概况及分工

小组成员	姓名	学号	分工
组长			
组员			

3. 小组讨论

在开展活动前,请各组组长组织组员学习相关资料,讨论下列引导问题。

引导问题 1:工业机器人的编程方式有哪些?

引导问题 2:工业机器人的编程语言有哪些?

引导问题 3:常用的 RAPID 程序指令有哪些?

4. 工作记录

以小组为单位进行相关知识的学习，认识工业机器人的编程。学生可通过项目实训"建立和运行 RAPID 程序"来巩固自己所学的知识，并将实训内容、实训过程中遇到的问题和解决办法记录在表 4-2 中。

表 4-2　工作记录表

序号	实训内容	实训过程中遇到的问题和解决办法

项目 4　认识工业机器人编程

项目引入

在食品包装行业，码垛是一个繁重且需要大量人力的环节。通过编程，工业机器人能够按照预设的轨迹和规则，自动将包装好的食品码垛整齐。这种方法不仅提高了码垛的效率，还降低了人工成本，同时减少了人为操作可能带来的污染和失误。

工业机器人编程是赋予工业机器人"智慧"的过程。通过特定的编程方式或编程语言，操作人员为工业机器人编写动作指令，让它们能够按照预设的程序自主执行各种任务。本项目主要介绍工业机器人编程方式和编程语言、RAPID 程序及指令等内容。

4.1　工业机器人编程方式

工业机器人编程方式可分为在线编程、离线编程和自主编程三种。在线编程简单直接，主要应用在电子技术不够发达的早期工业机器人阶段；离线编程精度较高，随着计算机技术的发展，其应用越来越广泛；自主编程是随着传感技术、AI 技术的发展而产生的，目前仍在发展中且尚未得到广泛应用。下面将主要介绍在线编程和离线编程的相关知识。

4.1.1　在线编程

要实现工业机器人特定的连贯动作，可以先将连贯动作拆分成关键动作序列，称之为动作节点。通过了解工业机器人的硬件可知，其关节伺服传感器可以实时检测工业机器人所处的位置姿态，于是得到在线编程的思路：先将工业机器人调整到第一个动作节点，并记录这个动作节点的位置姿态，再调整到第二个动作节点并记录其位置姿态，依此类推，直至动作结束。

工业机器人编程方式

如图 4-1 所示，在线编程可分为"手把手"示教编程和示教器示教编程两种类型，具体如下。

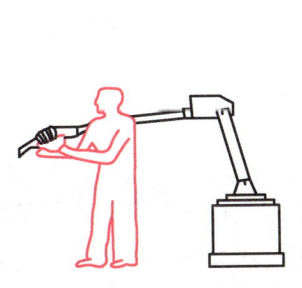
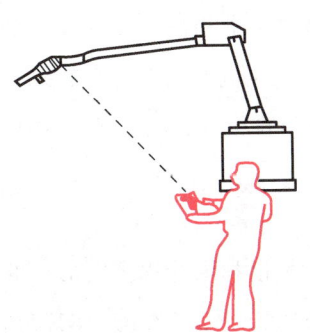

（a）"手把手"示教编程　　　（b）示教器示教编程

图 4-1　在线编程类型

1. "手把手"示教编程

"手把手"示教编程是指操作人员直接用手移动末端执行器确定动作节点，再进行编程的过程。"手把手"示教编程简单直接、成本低廉，示教过后可立即应用，但存在以下几个缺点。

（1）操作人员要有丰富的经验，且人工操作繁重。
（2）难以操作大型和高减速比的工业机器人。
（3）位置不精确，难以实现精确的路径控制。
（4）示教轨迹重复性较差。

2. 示教器示教编程

示教器示教编程是指利用装在示教器上的按钮，来驱动工业机器人按照需要的顺序进行操作的编程过程。在示教器中，每一个关节都对应示教器上的一对按钮，可分别控制该关节在两个方向上的运动。为获得较高的运行效率，工业机器人最好能实现多关节合成运动，但在示教器示教编程方式下，这种运动却很难实现。

示教器示教编程一般用于对大型工业机器人或危险作业条件下的工业机器人进行示教，由于其仍然沿用在线编程的思路，因此存在以下几个缺点。

（1）难以获得较高的控制精度。
（2）难以与其他操作同步。
（3）有一定的危险性。

4.1.2 离线编程

离线编程是指操作人员在不需要工业机器人实际在场的情况下，使用专门的编程软件为工业机器人创建运动轨迹和控制指令的过程。工业机器人离线编程可分为基于文本的编程和基于图形的编程两种类型。

1. 基于文本的编程

基于文本的编程是工业机器人离线编程的一种传统方式，它利用特定的编程语言或脚本语言，通过编写文本代码来定义工业机器人的运动轨迹和控制指令。例如，早期的 POWER 语言是一种工业机器人专用语言，但其缺少可视性，在现实中基本不采用。

2. 基于图形的编程

基于图形的编程是指利用计算机图形学的研究成果，建立起计算机及其工作环境的几何模型，并利用计算机语言及相关算法，通过对图形的控制和操作，在离线情况下进行工业机器人运动轨迹规划的过程。如图 4-2 所示为基于图形的编程软件系统界面。

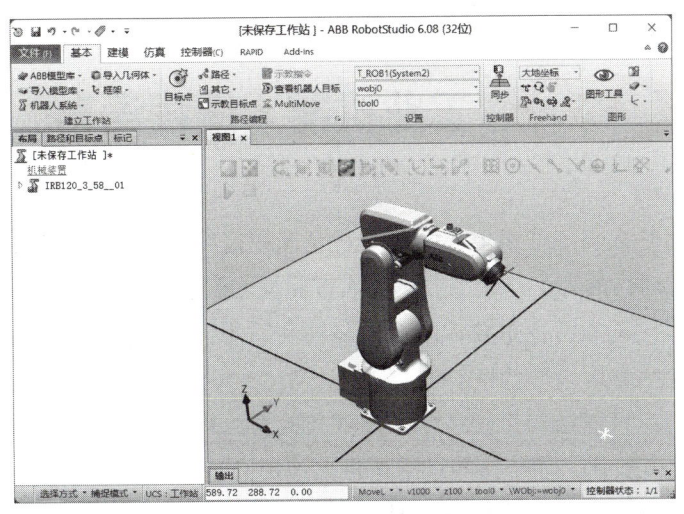

图 4-2 基于图形的编程软件系统界面

工业机器人在线编程与离线编程的比较如表 4-3 所示。

表 4-3 工业机器人在线编程与离线编程的比较

比较内容	在线编程	离线编程
工作环境	需要实际工业机器人系统和工作环境	只需要工业机器人系统和工作环境的图形模型
编程特点	编程时工业机器人需要停止工作	编程时不影响工业机器人正常工作
试验程序	需要在工业机器人系统上试验程序	通过仿真软件试验程序,可预先优化操作方案和运行周期
示教精度	示教精度取决于操作人员经验	可用 CAD 方法进行最佳轨迹规划
运动轨迹	难以实现复杂的运动轨迹	可实现复杂的运动轨迹

此外,离线编程还具有以下几个优点。

(1) 以前完成的程序或子程序可结合到待编的程序中,对于不同的工作目的,只需要替换一部分特定的程序即可。

(2) 可通过传感器探测外部环境信息,实现基于传感器的自动规划功能。

(3) 程序易于修改,适合中、小批量的生产要求。

(4) 能够实现多台工业机器人和外围辅助设备的示教和协调。

视野拓展

工业机器人离线编程软件是工业机器人应用与研究不可缺少的工具。早期的离线编程软件因功能不完备而不方便使用。如今的离线编程软件均采用基于图形的编程,其优势在于人机界面交互编程和图形仿真,且技术也日渐成熟,并已进入实用化阶段。常见的离线编程软件品牌主要有 RobotStudio、Robotmaster 和 RobotWorks 等,其中 RobotStudio 应用最广泛。

4.2 工业机器人编程语言

工业机器人编程语言是人与工业机器人之间一种记录信息或交换信息的程序语言,它是一种通过使用符号来描述工业机器人动作的方法,使工业机器人按照操作人员的意图完成各种动作。

工业机器人编程语言的基本特性主要体现在简易性和通用性、程序结构的清晰性、应用的自然性、易扩展性、调试和外部支持工具、效率等方面。

> **简易性和通用性**:一般结构化程序设计技术和数据结构,可减轻对特定指令的要求,坐标变换可令表达运动更一般化;而子句的运用可极大地提高基本语句的通用性。
> **程序结构的清晰性**:结构化程序设计技术的引入(如while,do,if,then,else这种类似自然语言的语句代替简单的goto语句),可使程序结构清晰明了,但需要更长的学习时间。
> **应用的自然性**:该特性要求工业机器人编程语言逐渐增加各种功能,并由低级向高级发展。
> **易扩展性**:工业机器人编程语言既能满足工业机器人的需要,又能在扩展后满足未来新应用领域的需要。
> **调试和外部支持工具**:此特性保证程序能快速有效地进行修改。一般情况下,已商品化的较低级别的编程语言有非常丰富的调试手段,而结构化程序设计在其设计过程中也始终考虑到离线编程环境。
> **效率**:编程语言的效率取决于编程的容易性(即编程效率和编程语言适应新硬件环境的能力)。

工业机器人编程语言的基本功能包括运算、决策、通信、机械手运动、工具指令、传感器数据处理等。

> **运算**:装有传感器的工业机器人所进行的最有用的运算为解析几何计算,如坐标运算、位置表示、矢量运算等。这些运算结果能使工业机器人自行决定,确定下一步中工具或夹具的位置。
> **决策**:工业机器人能够根据传感器输入的信息直接进行决策,而不必执行任何运算。一条简单的条件转移指令(如校验零值)便可执行任何决策算法。
> **通信**:工业机器人与操作人员之间的通信能力,允许工业机器人要求操作人员提供信息、告诉操作人员下一步该干什么,以及让操作人员知道工业机器人下一步打算干什么。
> **机械手运动**:可用许多方法来规定,最简单的方法是向各关节伺服装置提供一组关节位置,然后等待关节伺服装置到达规定的关节位置。
> **工具指令**:通常是由闭合某个开关或继电器而触发的,而继电器又可能将电源接通或断开,以直接控制工具运动,或发出一个功率信号给电子控制器,让电子控制器去控制工具运动。
> **传感器数据处理**:用于机械手控制的通用计算机只有与传感器连接起来,才能发挥其全部效用。传感器数据处理是工业机器人程序编制中十分重要而又复杂的组成部分。

通过学习工业机器人编程语言的基本特性和基本功能,我们已经对工业机器人编程语言有了初步的认识。下面以应用较为广泛的AL语言、Autopass语言、VAL语言、RAPT语言、IML语言和RAPID语言为例,介绍工业机器人编程语言的相关知识。

工业机器人常用编程语言

4.2.1 AL 语言

AL 语言可以编译成机器语言在实时控制机上运行,具有实时编译语言的结构和特征,如可以同步操作、条件操作等。AL 语言设计的初衷是用于具有传感器信息反馈的多台工业机器人或机械手的并行或协调控制编程,该语言适用于工业机器人的装配作业。

AL 语言运行的硬件环境包括主从两级计算机,如图 4-3 所示。

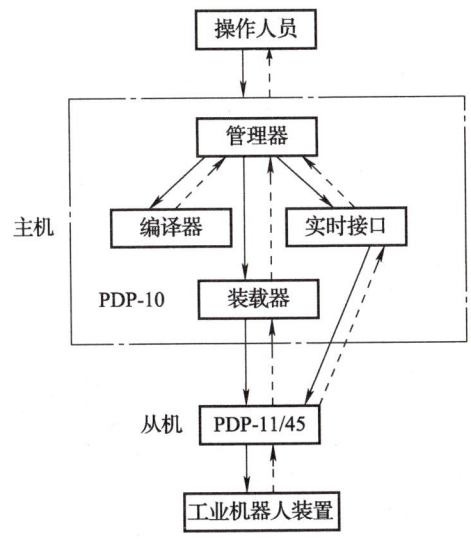

图 4-3　AL 语言运行的硬件环境

在主机 PDP-10 内,管理器负责管理协调各部分的工作,编译器负责对 AL 语言的指令进行编译并检查程序,实时接口负责连接主从机之间的接口,装载器负责分配程序。主机的功能是对 AL 语言进行编译,对工业机器人的动作进行规划;从机的功能是接收主机发出的动作规划命令,进行运动轨迹及关节参数的实时计算,最后对工业机器人发出具体的动作指令。

如表 4-4 所示为常用 AL 语言的语句格式及功能。

表 4-4　常用 AL 语言的语句格式及功能

语句格式	语句功能
MOVE \<HAND\> TO \<目的地\>	描述手爪的运动
OPEN \<HAND\> TO \<SVAL\> CLOSE \<HAND\> TO \<SVAL\>	手爪控制语句
IF \<条件\> THEN \<语句\> ELSE \<语句\> WHILE \<条件\> DO \<语句\> CASE \<语句\> DO \<语句\> UNTIL \<条件\> FOR … STEP … UNTIL	控制语句
AFFIX BEAM_BORE TO BEAM	将两物体结合
UNFIX BEAM_BORE FROM BEAM	将两物体分离
ON \<条件\> DO \<动作\>	条件监测子语句

4.2.2　Autopass 语言

Autopass 语言是一种对象级编程语言，它基于对象物的状态变化给出描述，旨在将工业机器人的工作程序化。Autopass 语言类似于组装说明书，是针对所描述工业机器人操作的语言。

> **知识链接**
>
> 对象级编程语言是比动作级编程语言高一级的编程语言，它不需要描述工业机器人手爪的运动，只需要由编程人员用程序的形式给出作业本身顺序和环境模型的描述，通过编译程序，工业机器人即可知道如何动作。

Autopass 语言的编译是应用了称作环境模型的数据库，一边模拟执行工作时环境的变化，一边决定详细动作，从而得到控制工业机器人的工作指令和数据。

Autopass 语言的常用指令如表 4-5 所示。

表 4-5　Autopass 语言的常用指令

指令类别	常用指令
状态变更指令	PLACE，INSERT，EXTRACT，LIFT，LOWER，SLIDE，PUSH，ORIENT，TURN，GRASP，RELEASE，MOVE
工具指令	OPERATE，CLUMP，LOAD，UNLOAD，FETCH，REPLACE，SWITCH，LOCK，UNLOCK
紧固指令	ATTACH，DRIVE-IN，RIVET，FASTEN，UNFASTEN
其他指令	VERIFY，OPEN-STATE-OF，CLOSED-STATE-OF，NAME，END

4.2.3　VAL 语言

VAL 语言是一种专用的动作级编程语言，主要配置在 PUMA 和 Unimate 机器人上。VAL 语言以工业机器人的运动描述为主，通常一条指令对应工业机器人的一个动作，表示工业机器人从一个位置姿态运动到另一个位置姿态。

VAL 语言系统包括文本编辑、系统命令和编程语言三个部分。VAL 语言可应用于上下两级计算机控制的工业机器人系统。例如，上位机为 LSI-11/23，编程在上位机中进行，并进行系统的管理；下位机为 6503 微处理器，主要控制各关节的实时运动。编程时，VAL 语言可以和 6503 汇编语言混合编程。

VAL 语言具有以下几个优点。

（1）VAL 语言命令简单、清晰易懂，描述工业机器人作业动作及与上位机的通信均较方便，实时功能强。

（2）既可以在线编程，也可以离线编程，适用于多种计算机控制的工业机器人。

（3）能够迅速计算出不同坐标系下复杂运动的连续轨迹，能够连续生成工业机器人的控制信号，可以与操作人员交互地在线修改程序和生成程序。

（4）VAL 语言包含子程序库，通过调用不同的子程序可快速进行复杂的操作控制，提高编程效率。

（5）能与外部存储器快速进行数据传输，便于保存程序和数据。

VAL 语言的常用指令如表 4-6 所示。

表 4-6 VAL 语言的常用指令

指令类别		常用指令
监控指令	位姿定义指令	POINT，WHERE，BASE，TOOLI
	程序编辑指令	EDIT，C 命令，D 命令，E 命令，I 命令，P 命令，T 命令
	列表指令	DIRECTORY，LISTL，LISTP
	存储指令	FORMAT，STOREP，STOREL，LISTF，LOADP，LOADL，DELETE，COMPRESS，ERASE
	控制程序执行指令	ABORT，DO，PROCEED，RETRY，SPEED，EXECUTE，NEXT
	系统状态控制指令	CALIB，STATUS，FREE，ENABLE，ZERO，DONE
程序指令	运动指令	GO，MOVE，MOVEI，MOVES，DRAW，APPRO，OPEN，DEPART，DRIVE，READY，OPENI，CLOSE，CLOSEI，APPROS，RELAX，GRASP，DELAY
	位姿控制指令	RIGHTY，LEFTY，ABOVE，BELOW，FLIP，NOFLIP
	赋值指令	SETI，TYPEI，HERE，SET，SHIFT，TOOL，INVERSE，FRAME
	控制指令	GOTO，GOSUB，RETURN，IF，IFSIG，REACT，STOP，REACTI，IGNORE，SIGNAL，WAIT，PAUSE
	开关量赋值指令	SPEED，COARSE，FINE，NONULL，NULL，INTOFF，INTON
	其他指令	REMARK，TYPE

4.2.4 RAPT 语言

RAPT 语言是英国爱丁堡大学研发的实验用工业机器人语言，它的语法基础来源于著名的数控语言 APT。RAPT 语言可以详细地描述对象物的状态和各对象物之间的关系，不仅能指定一些动作来实现各种结合关系，还能自动计算出工业机器人臂部为了实现这些操作的动作参数。

在 RAPT 语言中，对象物可以用一些特定的面来描述，这些特定的面是由点、直线、平面等基本元素定义的。如果对象物上有孔或凸起物，那么在描述对象物时便要明确说明。此外，还要说明各个组成面之间的关系（平行或相交）及两个对象物之间的关系。若能给出基准坐标系、对象物坐标系、各组成面坐标系的定义及各坐标系之间的变换公式，则 RAPT 语言便能够自动计算出使对象物结合起来所需要的动作参数，这是 RAPT 语言的一大特征。

笔记

4.2.5 IML 语言

IML 语言是一种对话性好、简单易学、面向应用的工业机器人语言。它和 VAL 语言一样，是一种着眼于末端执行器的动作级编程语言。IML 语言使用的数据类型主要有标量（整数或实数）、由 6 个标量组成的矢量、逻辑型数据（若为真，则取值为 1；若为假，则取值为 0）。

IML 语言用直角坐标系来描述工业机器人和目标物的位置姿态，使人容易理解，且直角坐标系与工业机器人的结构无关。直角坐标系可分为固定在工业机器人上的基座坐标系和固定在操作空间中的工作坐标系。

IML 语言的命令以指令形式给出，由解释程序来解释。指令可分为由系统提供的基本指令和由使用者基本指令定义的用户指令。

用户可以使用 IML 语言指定工业机器人的工作点、操作路线或目标物的位置姿态，直接操纵工业机器人。此外，IML 语言还具有以下三个优点。

（1）描述往返动作可以不用循环语句。
（2）可以直接在工作坐标系内使用。
（3）能将要示教的运动轨迹（末端执行器位置姿态向量的变化）定义成指令，并将其加入 IML 语言中。

4.2.6 RAPID 语言

RAPID 语言是一种专门用于控制 ABB 工业机器人的高级编程语言。通过 RAPID 语言可以对 ABB 工业机器人进行逻辑、运动、输入和输出控制。

RAPID 语言不但具有丰富的指令，还可以根据实际需要编制专属的指令集，这种具有高度灵活性的编程语言为 ABB 工业机器人的各种应用提供了无限可能。

RAPID 语言的常用指令如表 4-7 所示。

表 4-7　RAPID 语言的常用指令

指令类别	常用指令
运动控制指令	AccSet，VelSet，ConfJ，ConfL，SingArea，PathResol，SoftAct，SoftDeact
计数指令	Add，Clear，Incr，Decr
输入输出指令	AliasIO，InvertDO，IODisable，IOEnable，Reset，Set，SetAO，SetDO，SetGO，WaitDI，WaitDO，PluseDO
程序运行停止指令	Break，Exit，Stop，ExitCycle
计时指令	ClkReset，ClkStart，ClkStop
中断指令	IDelete，ISignalDI，ISignalDO，ISignalAI，ISignalAO，ISleep，IWatch，IDisable，IEnable，ITimer，CONNECT
通信指令	TPErase，TPWrite，TPReadFK，TPReadNum，ErrWrite，TPShow
运动指令	MoveJ，MoveL，MoveC，MoveJDO，MoveLDO，MoveCDO，MoveJSync，MoveLSync，MoveCSync，MoveAbsJ
程序流程指令	IF，GOTO，Label，WHILE，WaitUntil，WaitTime，Compact IF，FOR，TEST
坐标转换指令	PDispOn，PDispOff，PDispSet，EOffsOn，EOffsOff，EOffsSet
赋值指令	Data，Value

4.3 RAPID 程序及指令

RAPID 程序是由 RAPID 语言的特定词汇和语法编写而成的，其中包含了一连串控制 ABB 工业机器人的指令。RAPID 程序的基本架构如表 4-8 所示。

表 4-8 RAPID 程序的基本架构

系统模块	RAPID 程序			
	程序模块 1	程序模块 2	…	程序模块 *n*
通常由 ABB 工业机器人厂家或生产线建立者创建	程序数据	程序数据	…	程序数据
	主程序 main	—	…	—
	例行程序	例行程序	…	例行程序
	中断程序	中断程序	…	中断程序
	功能	功能	…	功能

RAPID 程序的基本架构说明如下。

（1）RAPID 程序由系统模块和一系列程序模块组成。由于系统模块主要用于系统方面的控制，多由 ABB 工业机器人厂家或生产线建立者创建，因此通常只通过建立程序模块来构建 RAPID 程序。

（2）根据用途的不同可以创建多个程序模块，如用于主控制的程序模块、用于存储数据的程序模块、用于位置计算的程序模块等，以便对这些程序模块中包含的程序数据和例行程序进行归类管理。

（3）一个 RAPID 程序可以包含多个程序模块，但只有一个主程序 main。主程序 main 是整个 RAPID 程序执行的起点，可存在于任意一个程序模块中。

（4）每个程序模块中包含了程序数据、例行程序、中断程序和功能 4 种对象，但在一个程序模块中不一定都有这 4 种对象，且这些对象在各程序模块间可以被互相调用。

4.3.1 常用的 RAPID 程序指令

RAPID 语言具有丰富的程序指令，可以实现 ABB 工业机器人在焊接、搬运、码垛等方面的应用。常用的 RAPID 程序指令有赋值指令、运动指令、I/O 控制指令、逻辑判断指令等。掌握这些指令的格式、作用及添加方法，对于建立 RAPID 程序是十分必要的。

常用的 RAPID 程序指令

1. 赋值指令

赋值指令的符号为":="，用于对程序数据进行赋值，赋值对象可以是常量，也可以是数学表达式。赋值指令常见用法示例如下。

```
reg1:=17;              /*将常量 17 赋给 reg1*/
reg2:=reg1+8;          /*将数学表达式 reg1+8 的值赋给 reg2*/
counter:=counter+1;    /*counter 增加 1*/
```

2. 运动指令

ABB 工业机器人在空间中的运动主要有关节运动、线性运动、圆弧运动和绝对位置运动 4 种,分别通过 4 种不同的运动指令来实现。

1)关节运动指令

关节运动指令(MoveJ)是指在对路径精度要求不高的情况下,将 ABB 工业机器人的 TCP 从起始点快速移动至目标点的指令。关节运动指令适用于 ABB 工业机器人大范围运动的场景,运动过程中不易出现关节轴进入机械死点的问题。

关节运动指令只关注 TCP 的起始点和目标点,其关节运动轨迹不一定是直线,有可能是曲线。如图 4-4 所示为 ABB 工业机器人的 TCP 从起始点 p10 移动至目标点 p20 的关节运动轨迹。

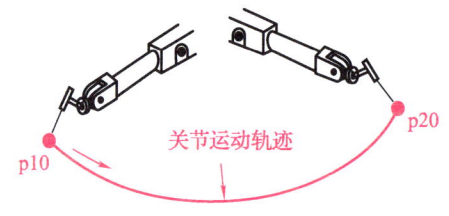

图 4-4 关节运动轨迹

关节运动指令的基本格式为

MoveJ p20,v100,z30,tool1\Wobj:=wobj1;

其参数及说明如表 4-9 所示。

表 4-9 关节运动指令参数及说明

参数	说明
p20	目标点位置数据,定义当前 TCP 的目标点为 p20
v100	运动速度数据,定义 TCP 的运动速度为 100 mm/s
z30	转弯半径数据,定义 TCP 的转弯半径为 30 mm
tool1	工具坐标数据,定义当前指令使用的工具
wobj1	工件坐标数据,定义当前指令使用的工件坐标

例如,关节运动指令

MoveJ p1,v500,z30,tool2\Wobj:=wobj1;

表示 ABB 工业机器人的 TCP 沿曲线移动到目标点 p1,运动速度为 500 mm/s,转弯半径为 30 mm,使用的工具是 tool2,工件坐标数据是 wobj1。

2)线性运动指令

线性运动指令(MoveL)是指将 ABB 工业机器人的 TCP 沿直线从起始点移动至目标点的指令,其线性运动轨迹如图 4-5 所示。

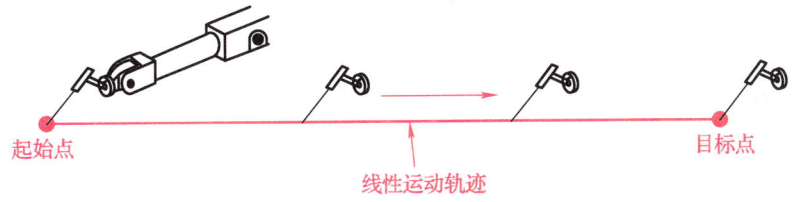

图 4-5 线性运动轨迹

在线性运动过程中,ABB 工业机器人的运动状态可控,运动路径具有唯一性,可能出现关节轴进入机械死点的问题。线性运动指令主要应用在激光切割、涂胶、弧焊等对路径精度要求较高的场景。

线性运动指令的基本格式与关节运动指令相似,如线性运动指令

MoveL p10,v1000,z30,tool2\Wobj:=wobj1;

表示 ABB 工业机器人的 TCP 沿直线移动到目标点 p10,运动速度为 1 000 mm/s,转弯半径为 30 mm,使用的工具是 tool2,工件坐标数据是 wobj1。

3) 圆弧运动指令

圆弧运动指令(MoveC)是指将 ABB 工业机器人的 TCP 沿圆弧移动至目标点的指令,圆弧运动轨迹由起始点、中间点和目标点来确定,如图 4-6 所示。

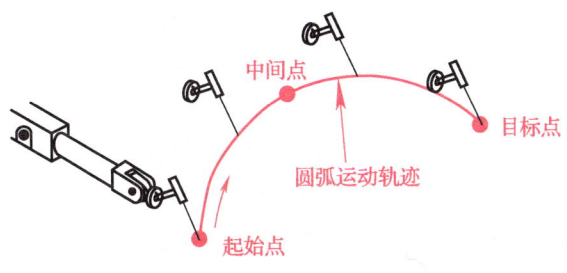

图 4-6 圆弧运动轨迹

圆弧运动指令的基本格式为

MoveL p10,v500,fine,tool1\Wobj:=wobj1;

MoveC p20,p30,v500,z5,tool1\Wobj:=wobj1;

其参数及说明如表 4-10 所示。

表 4-10 圆弧运动指令参数及说明

参数	说明
p10	圆弧的第一个点
p20	圆弧的第二个点
p30	圆弧的第三个点
v500	运动速度数据,定义 TCP 在各位置间的运动速度均为 500 mm/s
fine	TCP 到达目标点,在目标点速度降为 0
z5	转弯半径数据,定义 TCP 的转弯半径为 5 mm
tool1	工具坐标数据,定义当前指令使用的工具
wobj1	工件坐标数据,定义当前指令使用的工件坐标

例如，圆弧运动指令

MoveL p1,v500,fine,tool1\Wobj:=wobj1;
MoveC p2,p3,v500,z50,tool1\Wobj:=wobj1;
MoveC p4,p1,v500,fine,tool1\Wobj:=wobj1;

表示 ABB 工业机器人的 TCP 先沿直线运动到位置 p1，再沿弧线经位置 p2 运动到位置 p3，最后沿弧线经位置 p4 运动到位置 p1，各位置间的运动速度均为 500 mm/s。由此表明，需要用至少两个圆弧运动指令才能使 TCP 完成一个圆周运动。

钢骨匠魂

在我国某汽车的焊装车间，一台负责车身焊接的工业机器人遇到了工艺瓶颈：虽然能完成基本的焊接任务，但焊缝始终无法达到工艺标准要求的效果，这直接影响了产品的质量与长期可靠性。

这一问题的技术核心，在于工业机器人运动的轨迹规划与姿态优化。实现一条完美的焊缝，绝非仅是设定起点与终点，它要求我们为工业机器人规划一条平滑、精准的运动轨迹，并同时对焊枪的姿态、移动速度和电弧参数进行精细化控制。整个过程需要工程师通过严谨的程序代码，将宏观的工艺美学转化为微观的、一连串无可挑剔的数字指令。

这个过程锤炼的正是工程师"编程即匠心"的职业精神。它告诉我们，卓越的制造并非冰冷的代码自动生成，其背后是工程师对完美一丝不苟地追求、对细节精益求精地掌控。

4）绝对位置运动指令

绝对位置运动指令（MoveAbsJ）是指将 ABB 工业机器人的各关节轴独立移动至指定位置的指令。

在绝对位置运动过程中，ABB 工业机器人的各关节轴以单轴运动的方式移动至指定位置，不存在机械死点，但运动状态完全不可控，因此在实际生产中应避免使用绝对位置运动指令。该指令常用于 ABB 工业机器人 6 个轴回到基准原点的操作。

绝对位置运动指令的基本格式为

MoveAbsJ jpos10\NoEOffs,v1000,z50,tool1\Wobj:=wobj1;

其参数及说明如表 4-11 所示。

表 4-11 绝对位置运动指令参数及说明

参数	说明
jpos10	目标点名称、位置数据
NoEOffs	外轴不带偏移数据
v1000	运动速度数据，定义 TCP 的运动速度为 1 000 mm/s
z50	转弯半径数据，定义 TCP 的转弯半径为 50 mm
tool1	工具坐标数据，定义当前指令使用的工具
wobj1	工件坐标数据，定义当前指令使用的工件坐标

知识链接

目标点位置偏移指令 Offs 是 ABB 工业机器人中对位置信息进行处理的指令之一，其指令的基本格式为 Offs（p，x，y，z）。其中，p 为当前点；x 为目标点相对于 X 轴的偏移量；y 为目标点相对于 Y 轴的偏移量；z 为目标点相对于 Z 轴的偏移量。

3. I/O 控制指令

I/O 控制指令用于控制 I/O 信号，以达到 ABB 工业机器人与外部环境设备进行通信的目的。基本的 I/O 控制指令包括 Set 数字信号置位指令、Reset 数字信号复位指令、WaitDI 数字输入信号判断指令、WaitDO 数字输出信号判断指令、WaitTime 时间等待指令。

1）Set 数字信号置位指令

Set 数字信号置位指令用于将数字输出信号置位为"1"。例如，Set 指令

Set do1;

表示将数字输出信号 do1 置位为"1"。

此外，Set do 指令还可设置延时时间。例如，Set do 指令

Set do\SDelay:=0.2,do10_1,1;

表示在延时 0.2 s 后将数字输出信号 do10_1 置位为"1"。

2）Reset 数字信号复位指令

Reset 数字信号复位指令用于将数字输出信号置位为"0"。例如，Reset 指令

Reset do1;

表示将数字输出信号 do1 置位为"0"。

> **知识链接**
>
> 如果在 Set、Reset 指令前有运动指令 MoveJ、MoveL、MoveC 或 MoveAbsJ，则转弯半径数据必须使用 fine 才能使 ABB 工业机器人对数字输出信号进行准确的置位。

3）WaitDI 数字输入信号判断指令

WaitDI 数字输入信号判断指令用于判断数字输入信号的值是否与目标值一致。例如，WaitDI 指令

WaitDI di1,1;

表示判断数字输入信号 di1 的值是否为目标值 1。在执行此指令时，需要等待 di1 的值是否为 1。若 di1 的值为 1，则程序继续向下执行；若达到最大等待时间 300 s（此时间可根据实际情况进行设定）时，di1 的值仍不为 1，则 ABB 工业机器人报警或进入出错处理程序。

4）WaitDO 数字输出信号判断指令

WaitDO 数字输出信号判断指令用于判断数字输出信号的值是否与目标值一致。例如，WaitDO 指令

WaitDO do1,1;

表示判断数字输出信号 do1 的值是否为目标值 1。在执行此指令时，需要等待 do1 的值是否为 1。若 do1 的值为 1，则程序继续向下执行；若达到最大等待时间 300 s（此时间可根据实际情况进行设定）时，do1 的值仍不为 1，则 ABB 工业机器人报警或进入出错处理程序。

5）WaitTime 时间等待指令

WaitTime 时间等待指令用于表示在等待一个指定的时间后，程序再继续向下执行。例如，WaitTime 指令

WaitTime 4;

表示等待 4 s 后，程序再继续向下执行。

4. 逻辑判断指令

逻辑判断指令用于对条件进行判断，然后执行相应的操作。它是 RAPID 程序中的重要组成部分。常用的逻辑判断指令包括 Compact IF 紧凑型条件判断指令、IF 条件判断指令、FOR 重复执行判断指令、WHILE 条件判断指令。

1）Compact IF 紧凑型条件判断指令

Compact IF 紧凑型条件判断指令适用于在一个条件满足后就执行一句指令的情况。例如，Compact IF 指令

  IF flag1=TRUE Set do1;

表示如果条件 flag1 的状态为 TRUE，则数字输出信号 do1 被置位为"1"。

2）IF 条件判断指令

IF 条件判断指令适用于根据不同的条件执行不同指令的情况。例如，IF 指令

  IF num1=1 THEN
    flag1:=TRUE;
  ELSEIF num1=2 THEN
    flag1:=FALSE;
  ELSE
    Set do1;
  ENDIF

表示若 num1 为 1，则 flag1 会赋值 TRUE；若 num1 为 2，则 flag1 会赋值 FALSE；若存在以上两种条件之外的情况，则将数字输出信号 do1 置位为"1"。

3）FOR 重复执行判断指令

FOR 重复执行判断指令适用于一个或多个指令需要重复执行数次的情况。例如，FOR 指令

  FOR i FROM 1 TO 10 DO
    Routine1;
  ENDFOR

表示将例行程序 Routine1 重复执行 10 次。

4）WHILE 条件判断指令

WHILE 条件判断指令适用于在满足给定条件的前提下，一直重复执行对应指令的情况。例如，WHILE 指令

  WHILE num1>num2 DO
    num1:=num1-1;
  ENDWHILE

表示在满足给定条件 num1>num2 的前提下，程序一直重复执行对 num1 逐次减 1 的操作。

5. 其他常用指令

1）ProcCall 调用例行程序指令

ProcCall 调用例行程序指令适用于在指定位置调用例行程序的情况。

2）RETURN 返回例行程序指令

执行 RETURN 返回例行程序指令时，程序会立即结束指令中例行程序的执行，并返回至调用此例行程序的位置，然后继续向下执行。

4.3.2 建立程序模块与例行程序

在建立 RAPID 程序时，首先应确定需要用到的程序模块数量，可设置用于位置计算、存储数据、逻辑控制等不同功能的程序模块，以方便管理；然后在各个程序模块中根据具体分配的功能确定需要建立的例行程序，以方便调用和管理；最后通过调用例行程序、添加指令等完成 RAPID 程序的初步建立。

建立程序模块和例行程序的步骤如表 4-12 所示。

表 4-12 建立程序模块和例行程序的步骤

步骤	说明	图示
01	① 在主菜单中选择"程序编辑器"选项，在弹出的"无程序"提示框中单击"取消"按钮，进入程序模块显示界面 ② 单击"文件"，选择"新建模块"选项，在弹出的提示框中单击"是"按钮，进入新模块命名窗口	
02	① 单击新模块名称右侧的"ABC…"可弹出虚拟键盘，通过虚拟键盘可对新模块名称进行修改 ② 单击"类型"下拉按钮可以选择新模块的类型，有程序（Program）和系统（System）两种类型，这里选择程序类型。然后单击"确定"按钮即可建立新的程序模块	

表 4-12（续）

步骤	说明	图示
03	① 单击新建的程序模块"Module1"，然后单击"显示模块"，进入 Module1 程序模块界面 ② 单击"例行程序"，进入例行程序显示界面，显示无例行程序	
04	单击"文件"，在弹出的选项框中选择"新建例行程序..."选项，进入例行程序声明界面	
05	① 在例行程序声明界面中，可以修改例行程序的名称、类型、参数、模块等 ② 设置好后，单击"确定"按钮，例行程序就建立好了	

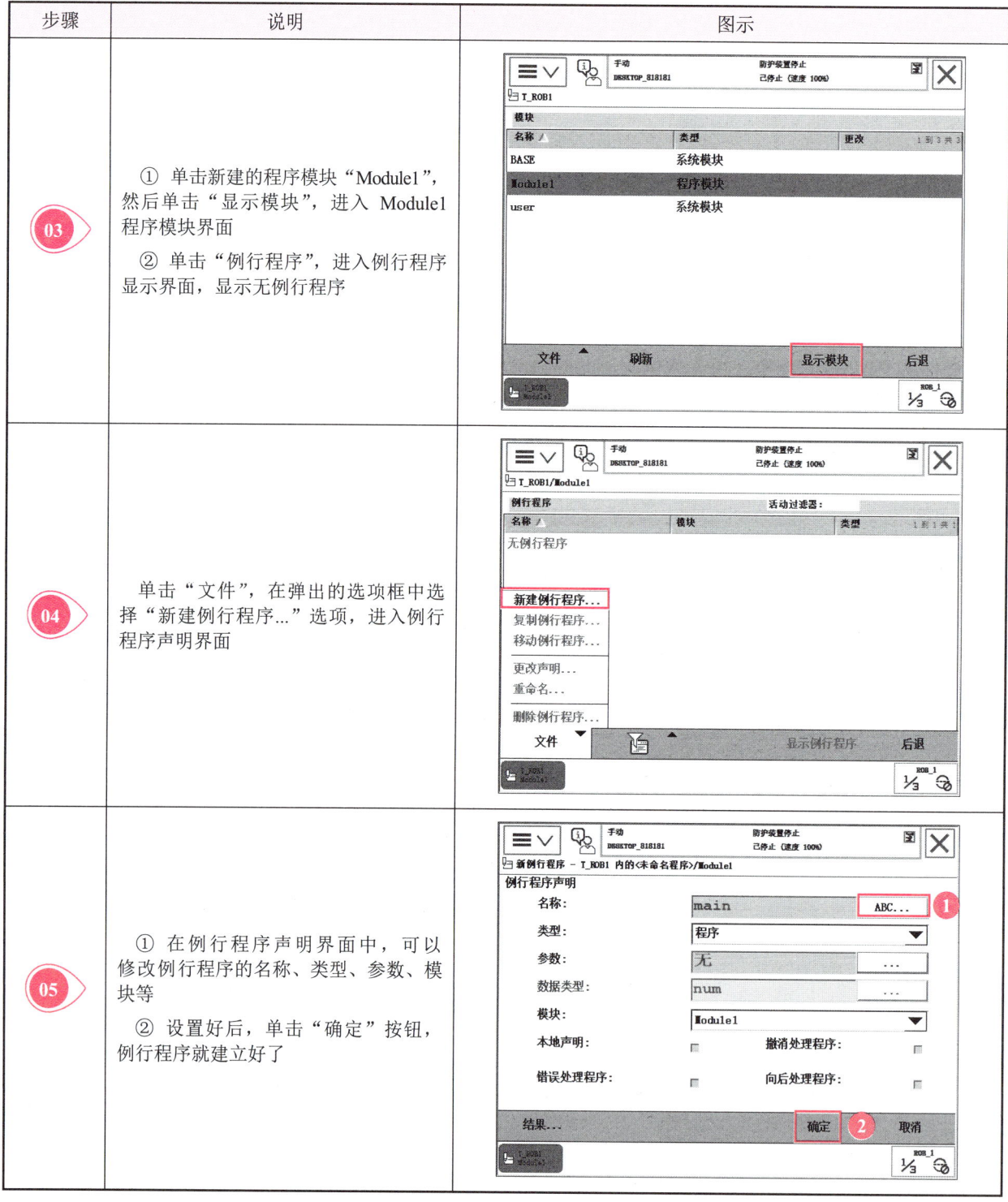

110

品于行，创于新

空间站机械臂知多少？

机械臂作为空间站的重要组件，是协同航天员完成各种复杂操作的重要帮手。2022年，中国空间站机械臂转位货运飞船试验取得圆满成功，这是我国首次利用空间站机械臂操作大型在轨飞行器进行转位试验，验证了空间站舱段转位技术和机械臂大负载操控技术，为空间站在轨组装建造积累了经验。

机械臂通常由多个关节和臂部组成，这些部件具有高强度和轻量化的特性，能在太空环境中承受重量，减少对航天器的负荷，其关节和臂部通过液压、电动或气动驱动器实现运动，以提供足够的力量和稳定性。空间站机械臂有7个自由度和7个关节，可实现类似人类手臂的运动，其与实验舱上的小机械臂形成组合臂后，可达14个自由度，工作起来更加灵活便捷。

目前，机械臂没有配备可以用来抓握物体的机械夹爪或抓手，而是使用一组外形像插头的末端执行器进行目标抓捕。在首次货运飞船转位试验中，空间站机械臂正是将末端执行器与核心舱舱体表面的目标适配器进行对接，再爬行至位于节点舱附近的停泊口后，最终成功捕获天舟二号的适配器，从而顺利完成辅助转位。

机械臂具有强大的载重能力和精确的搬运能力，为各类任务提供了必要的保障。空间站核心舱上的大机械臂由两根臂杆组成，展开长度可达10.2 m，重量约0.74 t，采用了大负载自重比设计，负重能力高达25 t，可将物体从一个地点移至另一个地点，有效配合航天员开展舱外活动、空间站平台维护及有效载荷运输等任务。

机械臂可用于支持航天员进行舱外活动，包括在舱外进行航天器维护、安装和维修。在舱外执行任务时，为减少体力消耗，航天员借助机械臂可完成舱外转移，并在微重力环境中进行精确操作。目前，空间站机械臂作为航天员乘组出舱活动的得力助手，配合完成了全景相机抬升、舱外相关设备及装置组装、核心舱太阳翼修复试验等既定任务，在支持中国航天员出舱活动中发挥了重要作用。

机械臂也可以提供空间科学实验支持，减少航天员出舱次数和工作量。2023年6月9日至10日，空间站梦天实验舱空间辐射生物学暴露实验装置经由机械臂抓取从货物气闸舱出舱，经过中转位，顺利安装至既定的舱外暴露平台，装置开机工作正常。这是我国首次开展舱外空间辐射生物学暴露实验，对辐射生物学和空间科学研究具有里程碑式意义。

（资料来源：陈夏，《太空小课堂|空间站机械臂知多少？》，学习强国，2024年1月11日）

项目实训——建立和运行 RAPID 程序

本项目实训旨在建立一个 RAPID 程序，使工业机器人的 TCP 从起始点 p10 至目标点 p20 做线性运动。要求工业机器人空闲时其 TCP 在 pHome 点等待；当外部数字输入信号 di1 的值为 1 时，TCP 开始运动；运动结束后 TCP 返回 pHome 点等待。此外，程序运行前应对运行速度进行初始化，并通过 WHILE 指令形成死循环，以便将初始化程序与其他程序隔离开来。这样，初始化程序只在最开始执行一次，然后就根据条件重复执行 WHILE 指令。

1. 建立 RAPID 程序

在建立 RAPID 程序前，应明确项目的具体内容和基本要求，并据此分步列出工业机器人的运行流程，在此基础上分析每一步该由哪些程序指令来实现，如此才能准确地确定所需程序模块和例行程序的数量。

根据任务要求，建立一个程序模块 Module1 即可。此程序模块应包含 4 个例行程序：主程序 main()、返回 pHome 点程序 rHome()、初始化程序 rInitAll() 和运动控制程序 rMoveRoutine()。其中，主程序 main() 通过 IF 指令设置运行条件，并通过调用其他例行程序实现各种功能。建立 RAPID 程序的步骤如表 4-13 所示。

表 4-13 建立 RAPID 程序的步骤

步骤	说明	图示
01	① 在主菜单中选择"程序编辑器"选项，在弹出的"无程序"提示框中单击"取消"按钮，进入程序结构显示界面 ② 单击"文件"，在弹出的选项框中选择"新建模块…"选项，在弹出的提示框中单击"是"按钮，进入新模块命名界面	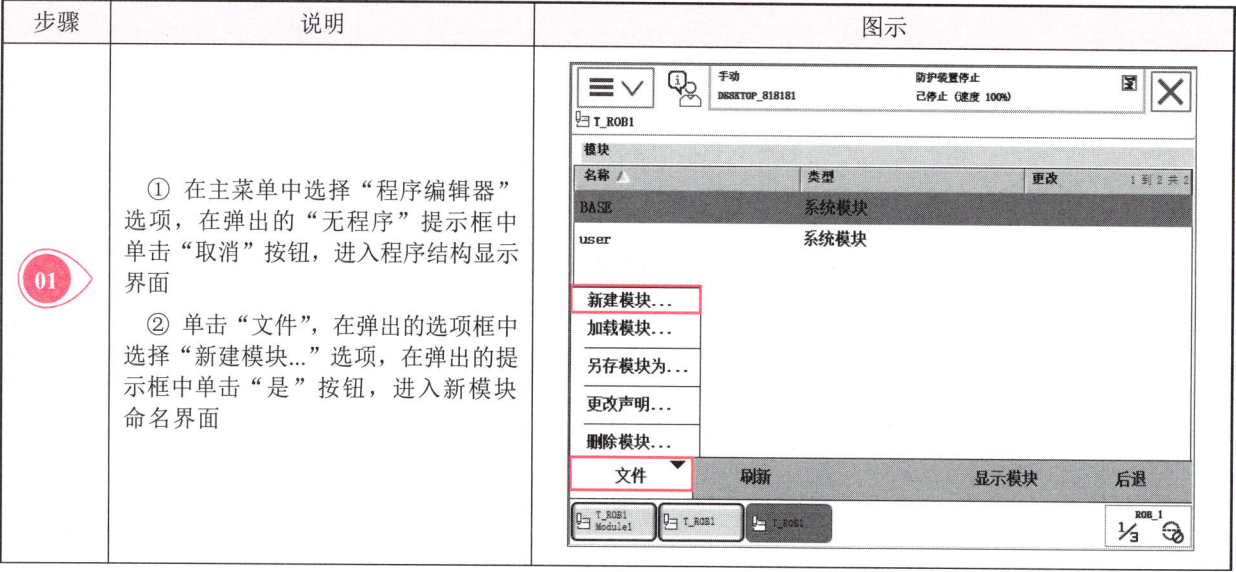

表 4-13（续）

步骤	说明	图示
02	① 单击新模块名称右侧的"ABC..."可弹出虚拟键盘，通过虚拟键盘可对新模块名称进行修改 ② 此处不需要对新模块进行重新命名，直接单击"确定"按钮进入下一步	
03	单击"Module1"程序模块，然后单击"显示模块"，进入 Module1 程序模块界面	
04	① 单击"例行程序"，进入例行程序显示界面，显示无例行程序 ② 单击"文件"，在弹出选项框中选择"新建例行程序..."选项，进入例行程序声明界面	

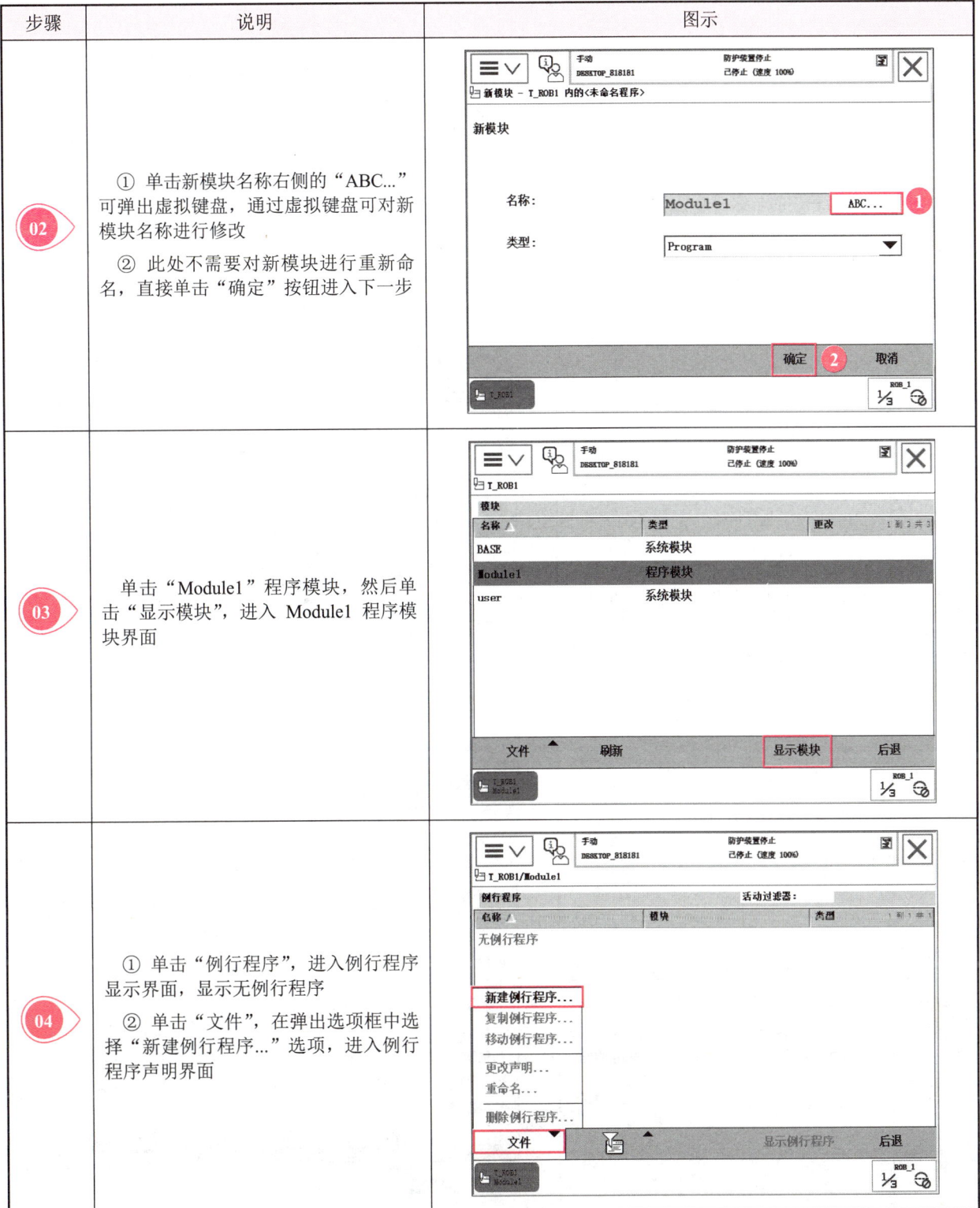

表 4-13（续）

步骤	说明	图示
05	① 在例行程序声明界面中，可以修改例行程序的名称、类型、参数、模块等，这里将例行程序名称设置为"main" ② 设置好后，单击"确定"按钮，例行程序就建立好了	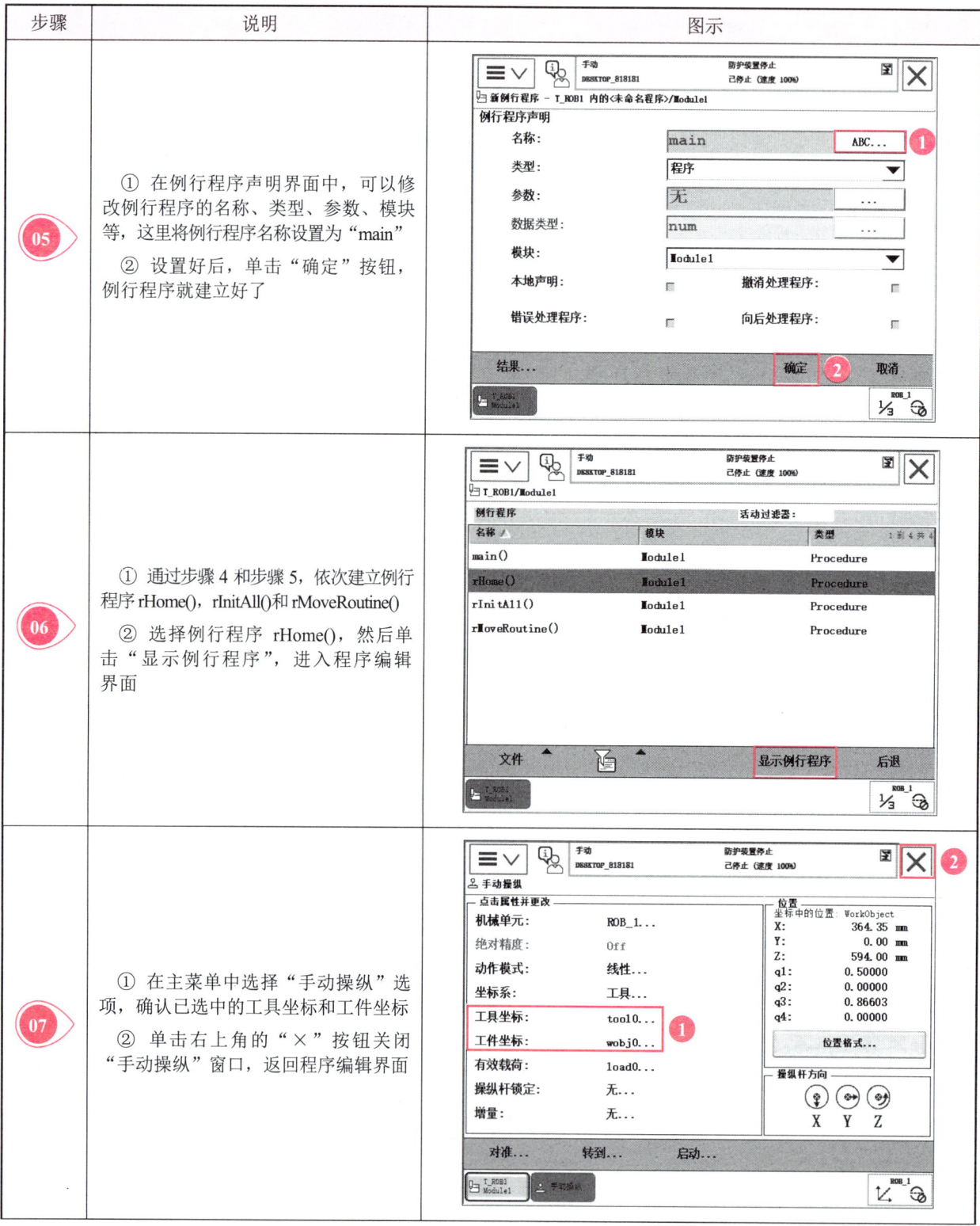
06	① 通过步骤 4 和步骤 5，依次建立例行程序 rHome()，rInitAll()和 rMoveRoutine() ② 选择例行程序 rHome()，然后单击"显示例行程序"，进入程序编辑界面	
07	① 在主菜单中选择"手动操纵"选项，确认已选中的工具坐标和工件坐标 ② 单击右上角的"×"按钮关闭"手动操纵"窗口，返回程序编辑界面	

表 4-13（续）

步骤	说明	图示
08	选择"<SMT>"作为插入指令位置，单击"添加指令"，在弹出的选项框中选择"MoveJ"选项，添加 MoveJ 指令	
09	① 双击 MoveJ 指令中的"*"进入指令编辑窗口；设置 MoveJ 指令的参数为 pHome,v300,fine ② 设置完成后单击"确定"按钮返回程序编辑界面	
10	选择合适的动作模式，将工业机器人移至如右图所示位置	

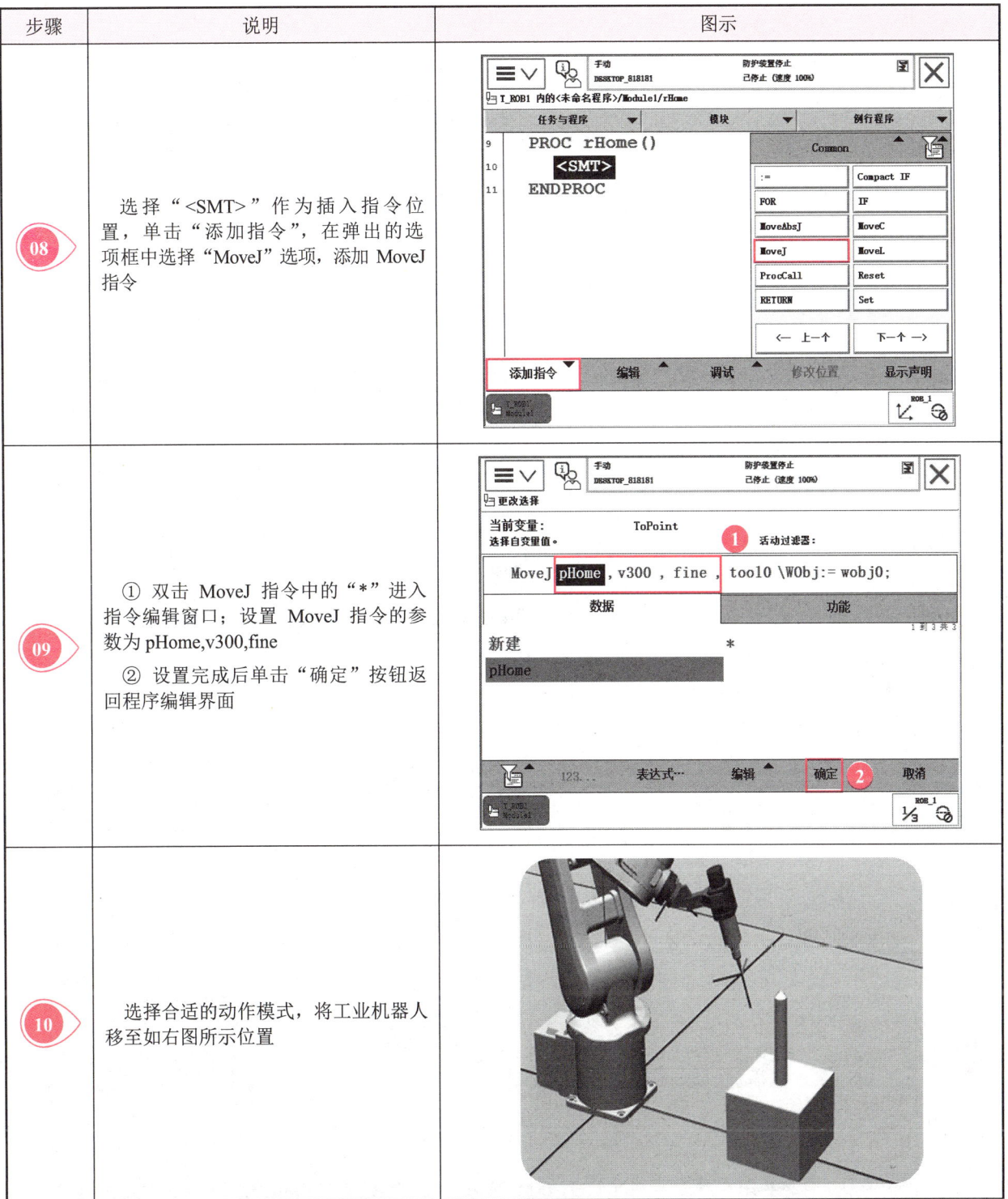

表 4-13（续）

步骤	说明	图示
11	① 在程序编辑界面单击选中 MoveJ 指令中的"pHome"，单击"修改位置" ② 在弹出的提示框中单击"修改"按钮进行确认，将工业机器人当前的位置设置为 pHome	
12	① 单击"例行程序"，进入例行程序显示界面 ② 选择例行程序 rInitAll()，然后单击"显示例行程序"进入程序编辑界面	
13	添加指令 AccSet 100,100; VelSet 100,5000; rHome; 具体操作：单击"Common"，选择"Settings"类别下的"AccSet"和"VelSet"选项添加 AccSet 指令和 VelSet 指令 **小贴士** AccSet 指令是加速度设定指令，VelSet 指令是速度设定指令	

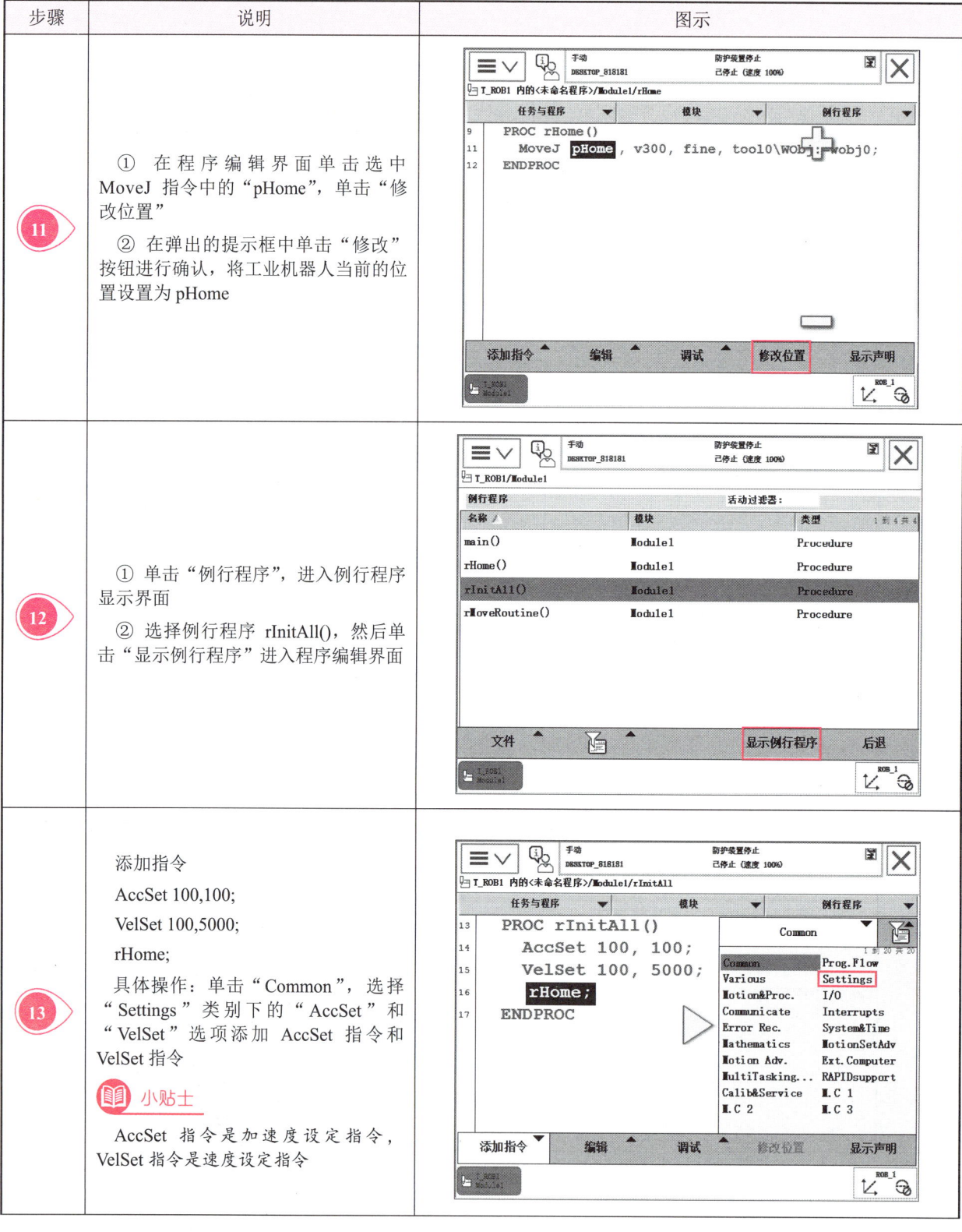

表 4-13（续）

步骤	说明	图示
14	参照步骤 12 和步骤 13，在例行程序 rMoveRoutine()中添加 MoveJ 指令，参数设置为 p10,v300,fine	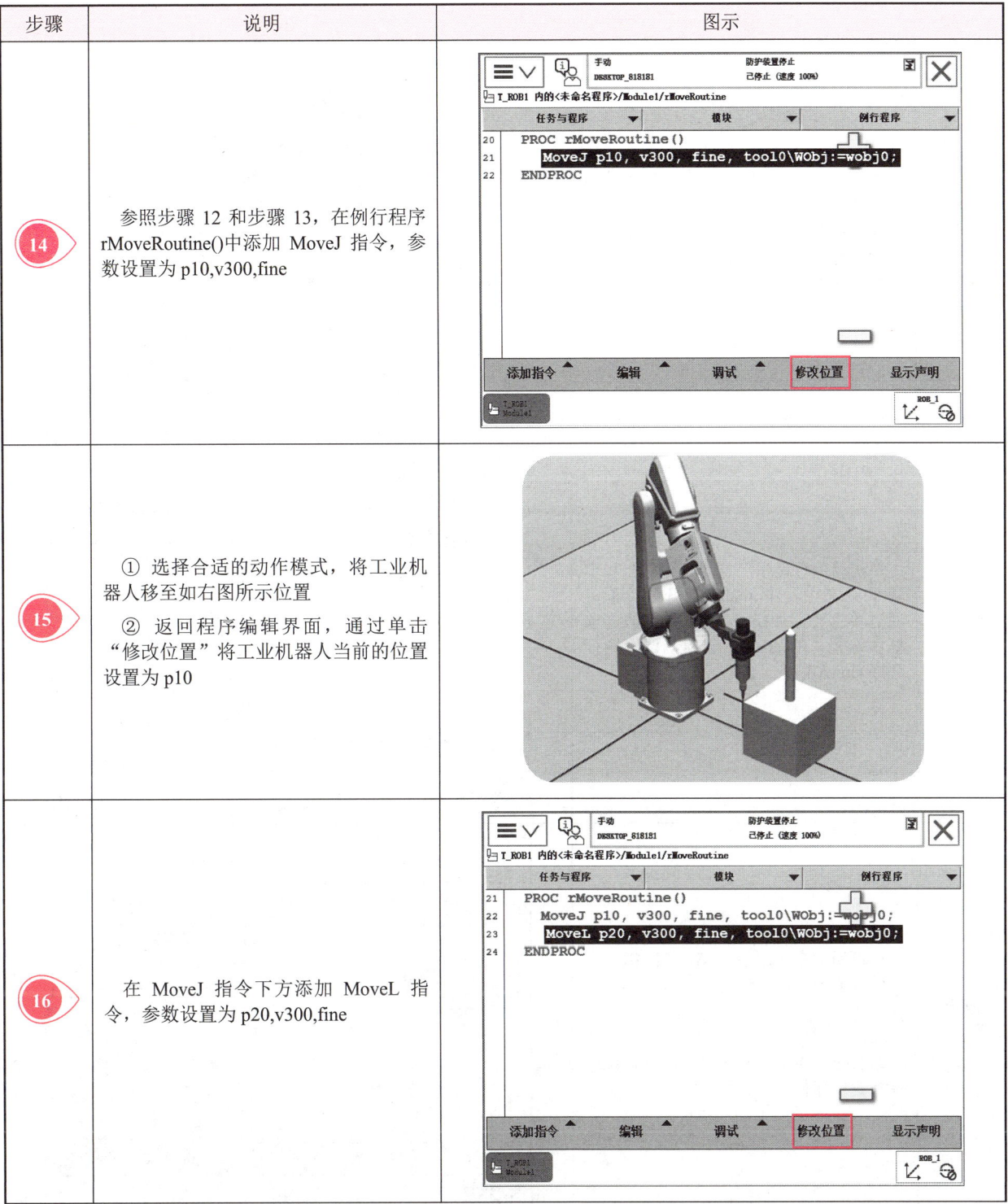
15	① 选择合适的动作模式，将工业机器人移至如右图所示位置 ② 返回程序编辑界面，通过单击"修改位置"将工业机器人当前的位置设置为 p10	
16	在 MoveJ 指令下方添加 MoveL 指令，参数设置为 p20,v300,fine	

表4-13（续）

步骤	说明	图示
17	① 选择合适的动作模式，将工业机器人移至如右图所示位置 ② 返回程序编辑界面，通过单击"修改位置"将工业机器人当前的位置设置为p20	
18	单击"例行程序"，参照步骤12和步骤13，在主程序 main()的开始位置，通过单击"添加指令"，在弹出的选项框中选择"ProcCall"选项，调用例行程序 rInitAll()	
19	在调用指令下方添加 WHILE 指令，条件设置为"TRUE" **小贴士** 单击"上一个"和"下一个"按钮可进行翻页操作	

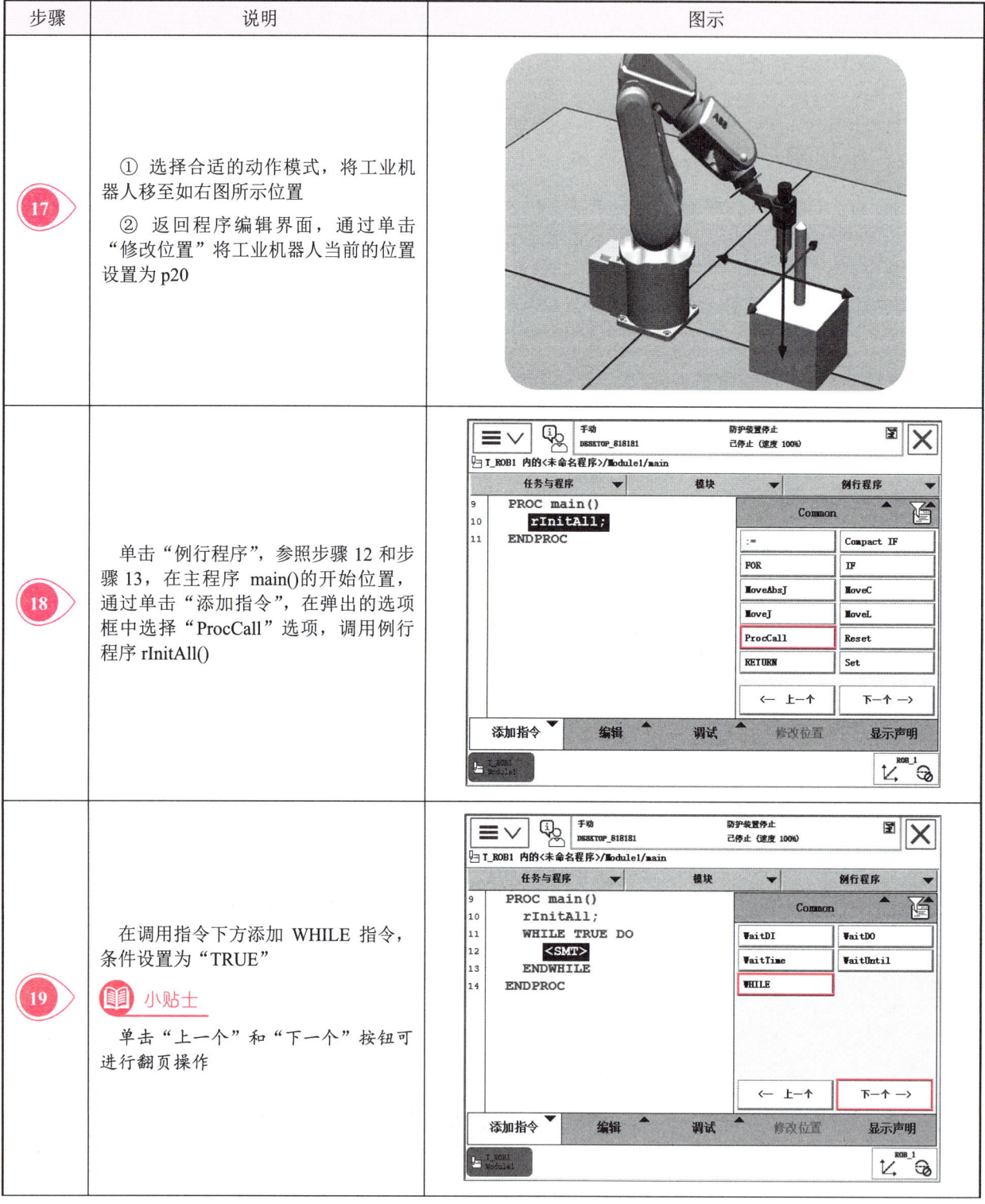

表 4-13（续）

步骤	说明	图示
20	添加 IF 指令，然后单击"编辑"，在弹出的选项框中选择"ABC…"选项，将"<EXP>"设置为"di1=1" 小贴士 数字输入信号 di1 需要预先通过"控制面板"界面中的"配置"选项进行定义	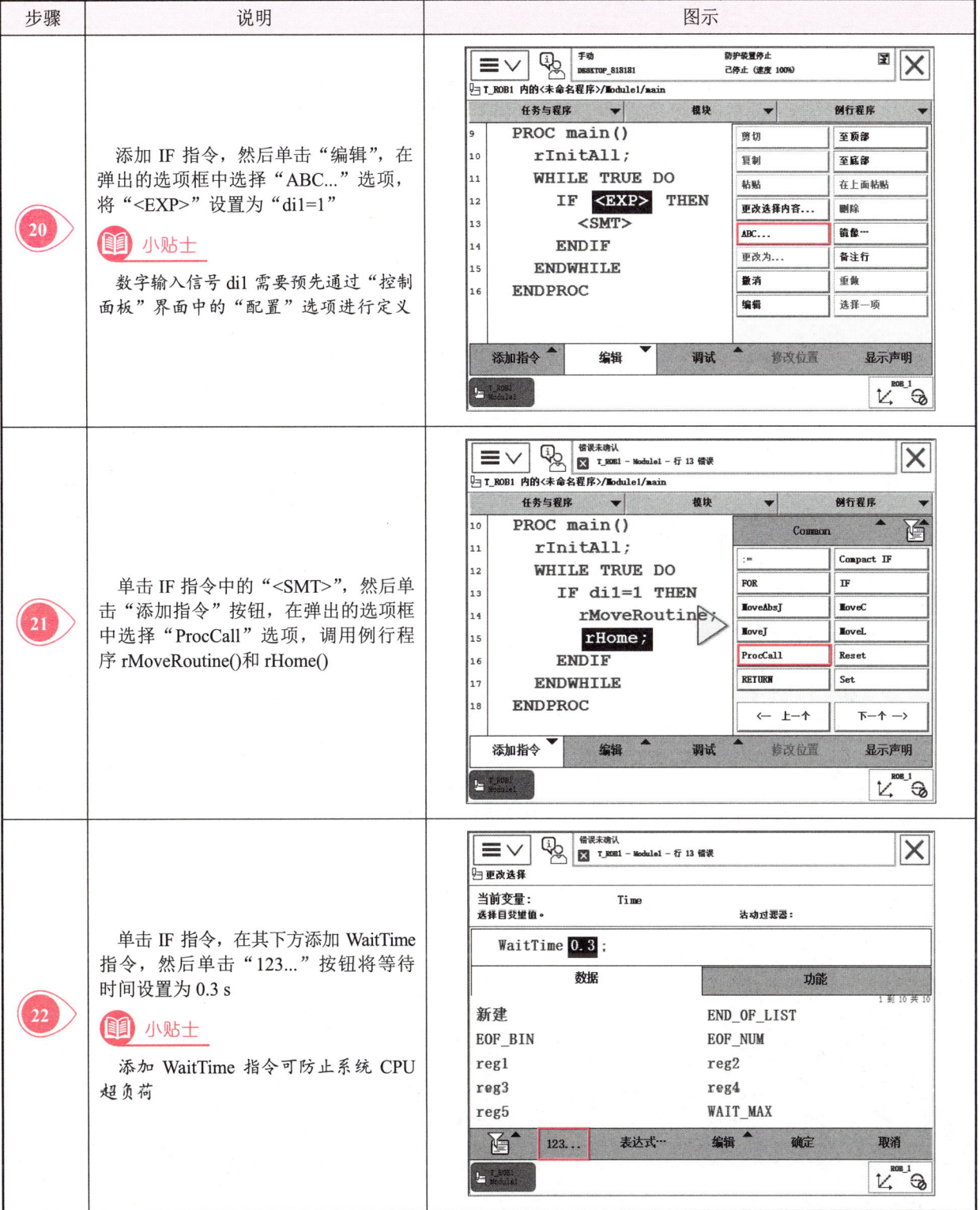
21	单击 IF 指令中的"<SMT>"，然后单击"添加指令"按钮，在弹出的选项框中选择"ProcCall"选项，调用例行程序 rMoveRoutine() 和 rHome()	
22	单击 IF 指令，在其下方添加 WaitTime 指令，然后单击"123…"按钮将等待时间设置为 0.3 s 小贴士 添加 WaitTime 指令可防止系统 CPU 超负荷	

表 4-13（续）

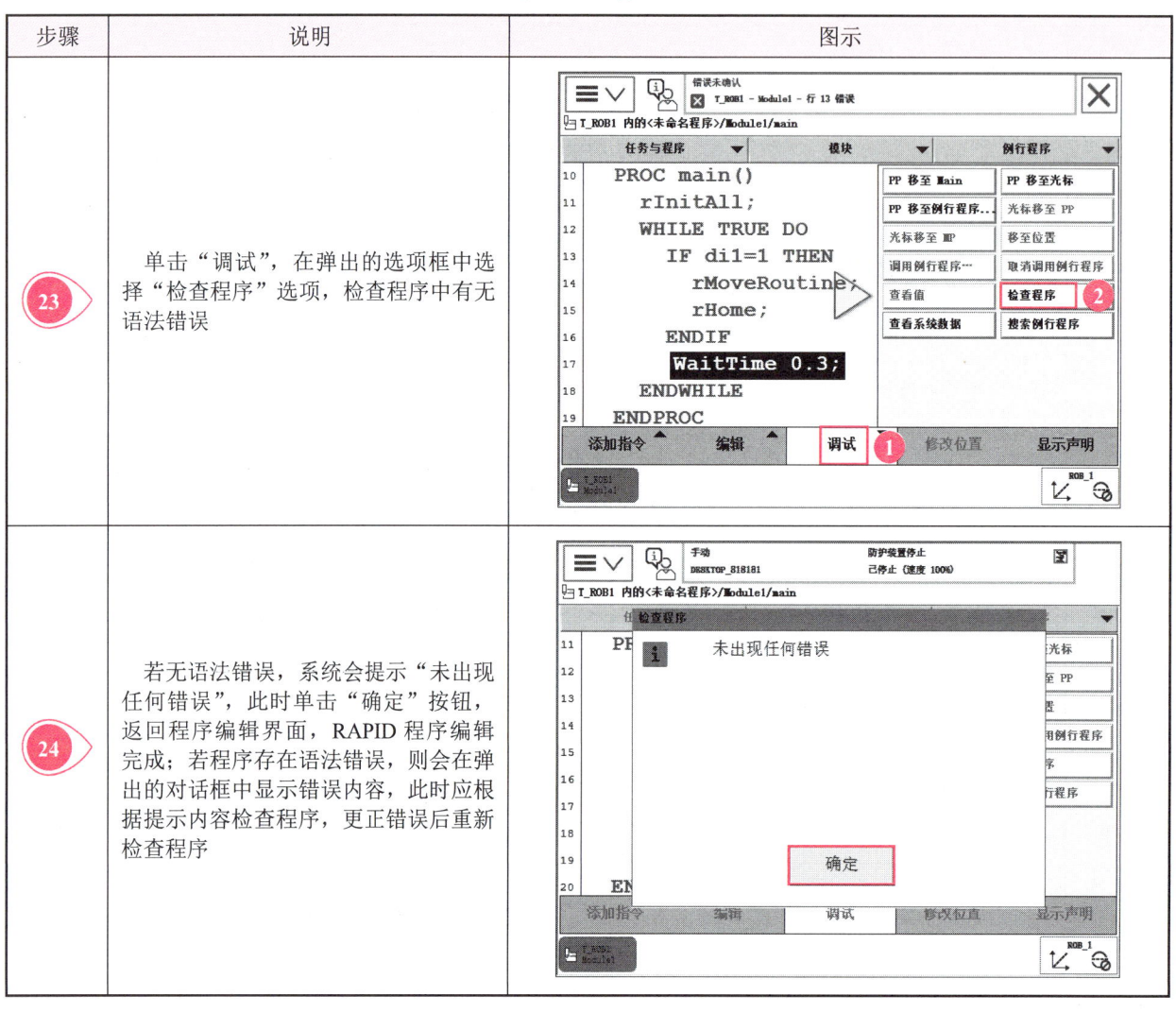

步骤	说明	图示
23	单击"调试"，在弹出的选项框中选择"检查程序"选项，检查程序中有无语法错误	
24	若无语法错误，系统会提示"未出现任何错误"，此时单击"确定"按钮，返回程序编辑界面，RAPID 程序编辑完成；若程序存在语法错误，则会在弹出的对话框中显示错误内容，此时应根据提示内容检查程序，更正错误后重新检查程序	

笔记

2. 调试 RAPID 程序

调试 RAPID 程序时，应分别对主程序 main()、rHome()、rMoveRoutine()进行调试，观察工业机器人的运行情况是否符合任务要求。这里以调试主程序 main()为例进行介绍，其步骤如表 4-14 所示。

表 4-14 调试主程序 main()的步骤

步骤	说明	图示
01	在程序编辑界面单击"调试"，在弹出的选项框中选择"PP 移至 main"选项，使程序指针指向主程序 main()开始位置 **小贴士** "PP"是程序指针的简称	
02	① 在"虚拟示教器"界面，按下"使能器按钮"，使工业机器人进入"电机开启"状态。按下"启动按钮"，观察 TCP 的移动情况，TCP 应从 pHome 点经 p10 点移动至 p20 点，最后返回 pHome 点 ② 待 TCP 返回 pHome 点，按下"停止按钮"，然后松开"使能器按钮"，main()程序调试完成	

3. 自动运行 RAPID 程序

自动运行 RAPID 程序的步骤如表 4-15 所示。

表 4-15 自动运行 RAPID 程序的步骤

步骤	说明	图示
01	① 将工业机器人控制柜上的模式开关切换到左侧的自动模式 ② 在弹出提示框中单击"确定"按钮，以确认模式的切换	

表 4-15（续）

步骤	说明	图示
02	① 选择"PP 移至 main"选项，在弹出的提示框中单击"是"按钮 ② 按下模式开关上方的"电机启动按钮"以启动电机，然后按下示教器上的"启动按钮"，此时程序已开始自动运行	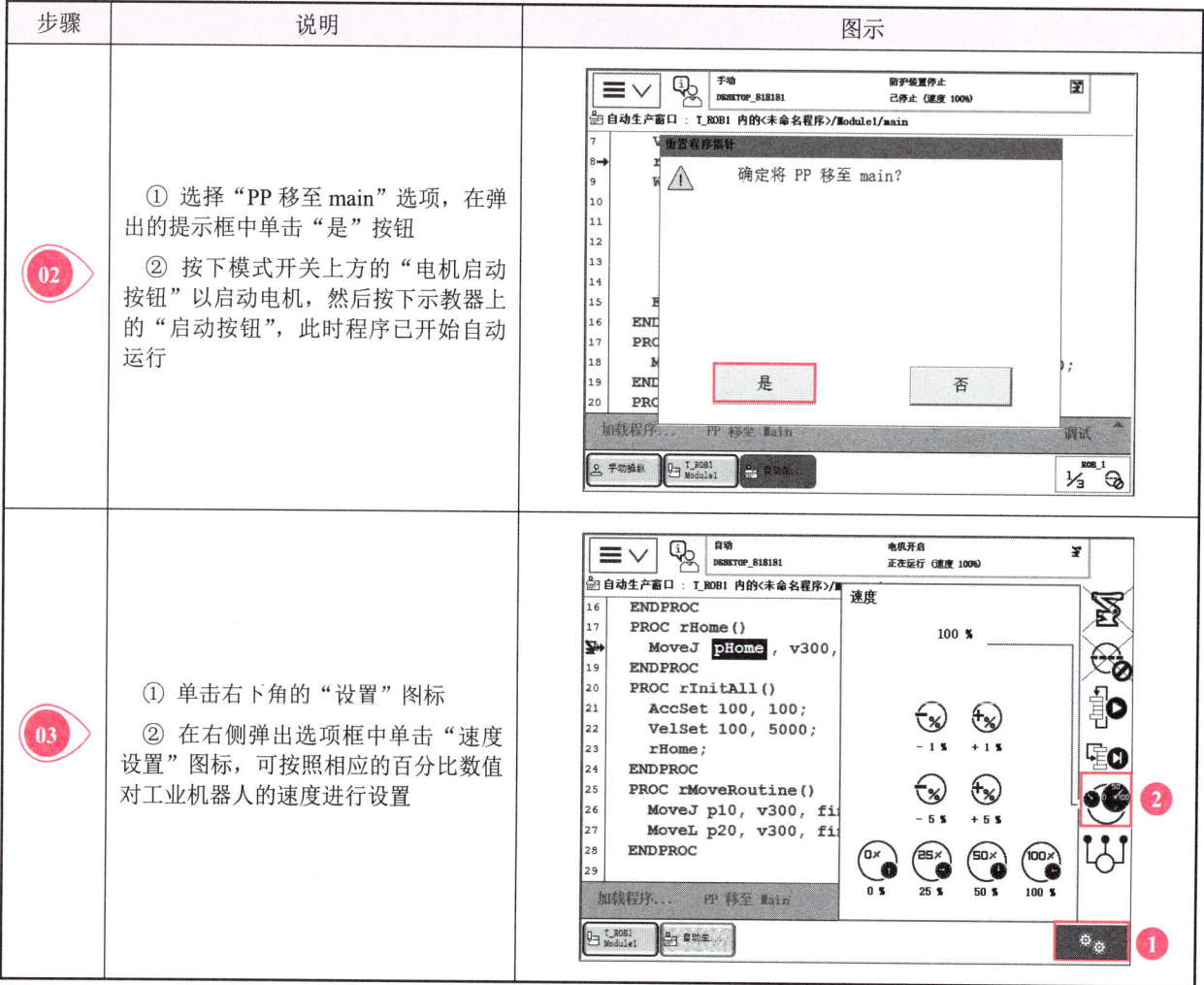
03	① 单击右下角的"设置"图标 ② 在右侧弹出选项框中单击"速度设置"图标，可按照相应的百分比数值对工业机器人的速度进行设置	

项目综合考核

1. 填空题

（1）在线编程可分为_____和_____两种类型。

（2）工业机器人离线编程可分为基于_____的编程和基于_____的编程两种类型。

（3）Autopass语言是一种_____编程语言，它基于对象物的状态变化给出描述，旨在将工业机器人的工作程序化。

（4）_____是指在对路径精度要求不高的情况下，将ABB工业机器人的TCP从起始点快速移动至目标点的指令。

（5）_____用于控制I/O信号，以达到ABB工业机器人与外部环境设备进行通信的目的。

2. 选择题

（1）下列选项不属于VAL语言系统组成部分的是（   ）。

    A．文本编辑   B．系统命令

    C．编程语言   D．文本命令

（2）（   ）是指将ABB工业机器人的TCP沿直线从起始点移动至目标点的指令。

    A．线性运动指令   B．关节运动指令

    C．圆弧运动指令   D．绝对位置运动指令

（3）Reset数字信号复位指令用于将数字输出信号置位为（   ）。

    A．1   B．0

    C．2   D．3

3. 简答题

（1）VAL语言的优点有哪些？

（2）说明下述绝对位置运动指令的含义。

MoveAbsJ p60,v100,z30,tool1\Wobj:=wobj1;

（3）说明下述IF指令的含义。

IF num1=1 THEN
    flag1:=TRUE;
ELSEIF num1=2 THEN
    flag1:=FALSE;
ELSE
    Set do1;
ENDIF

项目综合评价

各小组成员配合指导教师完成如表4-16所示的学习成果评价表。

表4-16 学习成果评价表

班级		组号		日期	
姓名		学号		指导教师	
项目名称	认识工业机器人编程					
评价项目	评价内容		评价方式	满分/分	评分/分
知识（40%）	掌握工业机器人编程方式		理论测试	10	
	了解工业机器人编程语言			9	
	掌握RAPID程序的基本架构			10	
	掌握常用的RAPID程序指令			11	
技能（40%）	能够建立RAPID程序		实践操作	14	
	能够调试RAPID程序			13	
	能够自动运行RAPID程序			13	
素质（20%）	遵守课堂纪律，认真学习和讨论		综合评判	6	
	认真负责，按时完成学习、实践任务			4	
	与组员团结合作、互相帮助			4	
	服从指挥，遵守课堂纪律			4	
	具有安全责任意识和创新思维			2	
合计				100	
自我评价					
指导教师评价					

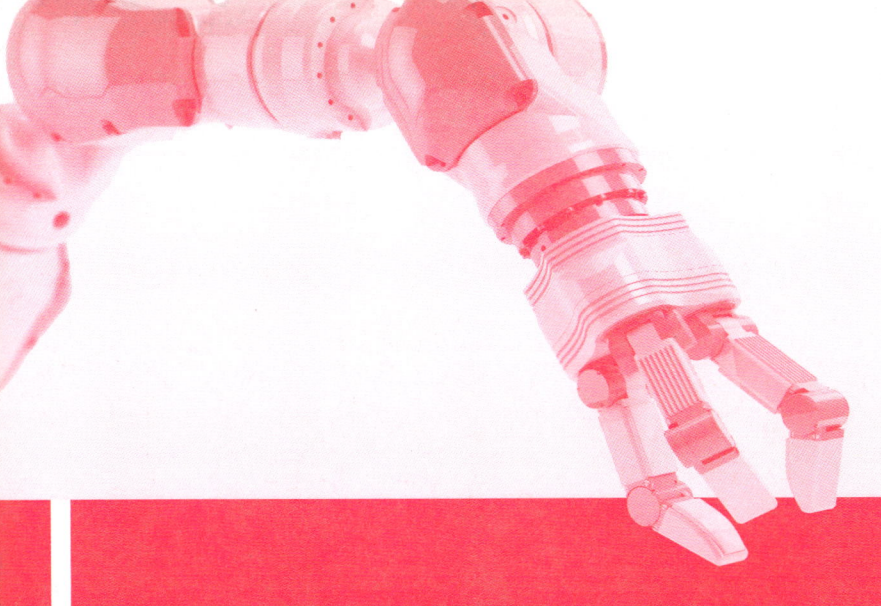

项目 5
认识工业机器人典型应用

项目导读

在工业领域，工业机器人的应用正日益广泛，它以高效、精确和自动化的特性，极大地推动了生产线的革新与升级。从汽车制造的焊接、喷涂，到电子产品的组装、测试，再到食品的包装、码垛，工业机器人凭借其卓越的性能，在各个行业中扮演着至关重要的角色。

知识目标

◆ 掌握搬运机器人、码垛机器人、焊接机器人、装配机器人的工作内容及特点。
◆ 掌握搬运机器人、码垛机器人、焊接机器人、装配机器人硬件基础的相关知识。
◆ 了解搬运机器人、码垛机器人、焊接机器人、装配机器人的外围设备与布局。

技能目标

◆ 能够根据具体的作业要求选择合适的工业机器人。
◆ 能够根据具体的作业要求为工业机器人选择合适的末端执行器。

素质目标

◆ 培育崇尚技术、求实创新的职业品质。
◆ 养成认真细致的学习习惯。

项目工单——根据实际应用确定工业机器人的硬件组成

1. 项目描述

本项目要求学生以小组为单位，详细了解各种典型工业机器人的工作内容及特点、硬件基础、外围设备与布局等，然后根据具体的作业要求选择合适的工业机器人和末端执行器等硬件组成，将选择过程中的重点内容和注意事项记录下来。

2. 小组分工

学生以 3~5 人为一组，选出组长并进行小组分工，将小组概况及分工填入表 5-1 中。

表 5-1 小组概况及分工

小组成员	姓名	学号	分工
组长			
组员			

3. 小组讨论

在开展活动前，请各组组长组织组员学习相关资料，讨论下列引导问题。

引导问题 1：简述搬运机器人和码垛机器人的工作内容及特点，并说明两者的不同。

引导问题 2：简述焊接机器人和装配机器人的硬件基础。

引导问题 3：简述码垛机器人和装配机器人的外围设备与布局。

4. 工作记录

以小组为单位进行相关知识的学习,认识工业机器人的典型应用。学生可通过项目实训"根据实际应用确定工业机器人的硬件组成"来巩固自己所学的知识,并将实训内容、实训过程中遇到的问题和解决办法记录在表 5-2 中。

表 5-2 工作记录表

序号	实训内容	实训过程中遇到的问题和解决办法

项目引入

在食品包装车间，搬运机器人自动将成品箱搬运到指定的存放区，降低了人工搬运的劳动强度和错误率；在自动化装配生产线上，码垛机器人将各种零部件按照特定的顺序和位置进行堆放，为后续的装配工作提供了便利；在汽车制造生产线上，焊接机器人应用于车身、底盘等部分的焊接，装配机器人通过高精度的机械臂和传感器，实现了零部件的快速、准确装配，提高了生产效率。

工业机器人的典型应用涵盖了汽车制造、电子组装、物流仓储等多个领域。本项目将从工作内容及特点、硬件基础、外围设备与布局等方面分别介绍搬运机器人、码垛机器人、焊接机器人和装配机器人的相关知识。

5.1 搬运机器人

采用搬运机器人代替人工进行搬运作业，可明显减轻人类繁重的体力劳动，极大地提高生产效率。搬运机器人运行平稳、定位准确，可降低搬运作业的产品损坏率，广泛应用于机床上下料、冲压机自动化生产线、自动装配流水线、码垛搬运、集装箱搬运等场景。

5.1.1 搬运机器人的工作内容及特点

1. 搬运机器人的工作内容

搬运机器人的工作内容包括抓取工件、移动工件、放置工件等一系列子任务。

（1）抓取工件：在给定目标位置以期望姿态抓取工件时，需要对工件进行可靠的定位，以保持工件与手爪之间准确的相对位置姿态，从而保证搬运机器人后续作业的准确性。

（2）移动工件：确保工件在搬运过程中位置姿态的准确性。

（3）放置工件：在指定位置解除手爪和工件之间的约束关系以放置工件。

搬运机器人的末端执行器不同，其搬运作业的具体任务分配也有所不同。具体来说，搬运机器人应满足以下6个要求。

（1）应选择适用于搬运作业的工业机器人。

（2）要根据搬运工件设计专用的末端执行器。

（3）应有工件传送装置，其形式要根据工件的特点进行选择或设计。

（4）应能准确定位工件，以便工业机器人能够顺利抓取。

（5）应设有工件托板，能够机动或自动地交换托板。

（6）应能在工件传送过程中调整位置姿态，以保证搬运质量。

2. 搬运机器人的特点

搬运机器人具有紧凑轻量、应用广泛、易于集成、功率强劲等特点，并且在任何应用中都能确保优异的精准度和敏捷性。

5.1.2 搬运机器人的硬件基础

搬运机器人的硬件基础主要包括搬运机器人的选择和末端执行器的选择两方面。

1. 搬运机器人的选择

选择搬运机器人时，要根据实际搬运作业要求，综合考虑其承载能力、工作空间、定位精度及自由度等因素，使其能够满足各项功能要求。

以 FANUC R-2000iB 型搬运机器人为例，它在搬运方面具有优越的性能。该搬运机器人采用多关节结构，使其在保持最大动作范围和最大可搬运质量的同时，大幅减轻了自身质量，具有机身设计紧凑、机构布置密度高等优点。

此外，无人搬运车（AGV）技术在工业中的应用也日益广泛。AGV 通常配有电磁学或光学自动导引装置，能够沿规定的导引路径行驶，具有安全保护与移载功能。AGV 广泛应用于生产物料的运输，具有行动快捷、工作效率高、结构简单等优点，可实现高效、经济、灵活的无人化生产。

2. 末端执行器的选择

末端执行器应符合搬运作业的各项功能要求，在具体选择时，应从以下几个方面进行考虑。

（1）被抓握对象。在选择末端执行器时，必须充分了解被抓握对象的几何形状和机械特性。

（2）物料馈送器或存储装置。与搬运机器人配合工作的物料馈送器或存储装置对末端执行器爪钳的最小和最大距离及夹紧力都有要求。

（3）末端执行器和搬运机器人的匹配。末端执行器大多采用法兰式机械接口与搬运机器人的腕部相连接，且末端执行器的自重会增加机械臂的载荷，因此在选择末端执行器时，要仔细考虑其机械接口形式和自重这两个问题。末端执行器是可以更换的，且末端执行器形式可以不同，但其与腕部的机械接口必须相同，即应满足机械接口匹配的要求。由于搬运机器人能抓取的工件质量为其承载能力减去末端执行器自重，因此末端执行器自重应与搬运机器人的承载能力匹配。

（4）环境条件。作业区域内的环境条件，如高温、水、油等，会影响末端执行器的正常工作。例如，一个锻压机械手爪要从高温炉内取出红热的锻件坯，就要保证锻压机械手爪的开合、驱动在高温条件下能正常工作。

5.1.3 搬运机器人的外围设备与布局

搬运机器人在搬运作业时，还需要一些外围设备进行辅助。同时为了节省生产空间，合理的布局也尤为重要。

1. 搬运机器人的外围设备

搬运机器人常用的外围设备主要有输送线系统、搬运辅助装置、传感器和PLC控制柜等。

（1）输送线系统：主要功能是把上料位置的工件传送到输送线的末端落料台上，以便于搬运。在输送线的上料位置装设光敏传感器，可用于检测上料位置是否有工件，若有工件，则可启动输送线，进行工件输送；在输送线的末端落料台上也装设光敏传感器，可用于检测末端落料台上是否有工件，若有工件，则可驱动搬运机器人进行搬运。一般情况下，输送线系统由三相交流电动机拖动，由变频器调速。

（2）搬运辅助装置：主要包括真空发生装置、气体发生装置、液压发生装置等。通常真空发生装置和气体发生装置均可满足吸盘和气动夹钳所需要的动力；液压发生装置的动力元件（电动机、液压泵等）布置在搬运机器人周围，执行元件（液压缸）与液压夹钳一体，需要安装在搬运机器人的末端法兰上。

（3）传感器：搬运机器人除了能在指定位置抓取确定的工件外，还需要采用传感器进行被抓取工件的准确定位和定向。搬运机器人所需要的传感器有视觉传感器、触觉传感器和力觉传感器等。视觉传感器主要用于被抓取工件的粗定位，使搬运机器人能够根据需要寻找应该被抓取的工件，并获取工件的大致位置；触觉传感器的作用包括感知被抓取工件的存在、确定被抓取工件的准确位置和确定被抓取工件的方向三个方面，有助于使搬运机器人更加可靠地抓取工件；力觉传感器主要用于控制搬运机器人的夹持力，防止搬运机器人的手爪损坏被抓取的工件。

（4）PLC控制柜：对于输入、输出设备较多的复杂搬运机器人，因其控制器的接口数量有限或接口类型不匹配，一般需要增加外部PLC控制柜，以配合搬运机器人完成更加复杂的外围设备控制功能。

> **知识链接**
>
> PLC控制柜用来安装断路器、PLC、变频器、中间继电器和变压器等，其中PLC是搬运机器人控制系统的核心。搬运机器人的启动与停止、输送线系统的运行等均可由PLC实现。

2. 搬运机器人的布局

搬运机器人可完全代替人工实现工件或物料的自动搬运，因此搬运机器人的布局是否合理将直接影响搬运的作业速率。根据车间场地面积的不同，搬运机器人可采用L形、环形、一字形等布局。

（1）L形布局：如图5-1所示，各设备排列成L形，将搬运机器人安装在龙门架上，使其行走在设备上方，可大幅节约地面资源。

（2）环形布局：又称岛式加工单元，如图 5-2 所示。它是以关节式搬运机器人为中心，设备围绕其周围形成环状，进行工件搬运加工，可提高生产效率、节约空间，适合小空间厂房作业。

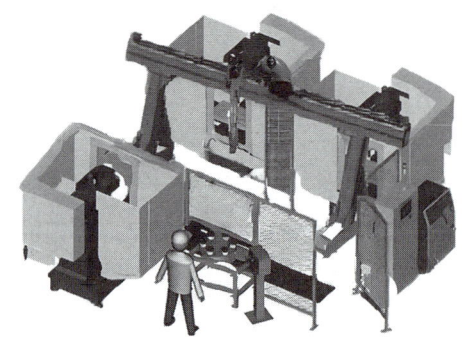

图 5-1　L 形布局

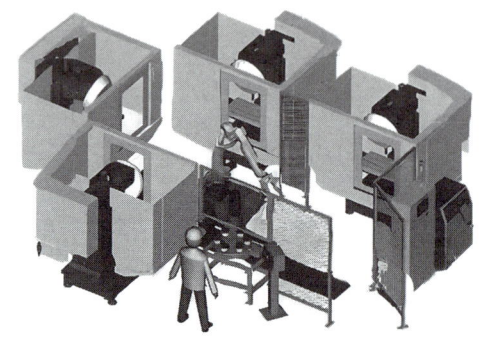

图 5-2　环形布局

（3）一字形布局：如图 5-3 所示，直角桁架搬运机器人通常要求设备排列成一字形，对厂房的高度和长度有一定要求。因直角桁架搬运机器人工作时做直线运动，故很难满足对放置位置有特殊要求的工件的上下料作业需要。

图 5-3　一字形布局

5.2　码垛机器人

码垛是在搬运的基础上，将工件整齐、规则地摆放成货垛的作业形式。工业机器人码垛作业实质上是搬运作业的一种特殊形式，它需要事先对码垛机器人进行路径规划，然后根据规划好的路径把工件从一个位置搬运到另一个位置，只是每次搬运工件的目标位置（放置点）有所不同。

5.2.1　码垛机器人的工作内容及特点

1. 码垛机器人的工作内容

码垛机器人能够将不同外形尺寸的包装或工件自动在托盘上进行码垛或拆垛，所以也称托盘码垛机器人。其工作内容包括识别工件、规划路径、抓取工件、码放工件和重新定位等一系列子任务。

（1）识别工件：通过视觉传感器或其他感知设备（如激光雷达等），识别并检测待码放工件的位置、形状、重量等信息。

（2）规划路径：根据识别到的工件信息，计算最优的码放路径，以确保工件能够稳定、紧密地堆叠在指定位置上。

（3）抓取工件：使用夹具等装置，精确地抓取待码放的工件，并移动到目标位置。

（4）码放工件：在目标位置上，根据预先设计的堆叠规则，将工件按照一定的顺序码放到指定位置上。

（5）重新定位：在完成一层或一组工件的码放后重新定位，以便继续进行码放操作。

2. 码垛机器人的特点

码垛机器人具有动作范围大、能耗低、柔性高、适应性强、定位准确等特点，可减少资源浪费、降低运行成本、实现不同工件的码垛。

5.2.2 码垛机器人的硬件基础

在实际应用中，应根据工件的尺寸、材质和作业空间等因素，选择合适的码垛机器人和末端执行器。

1. 码垛机器人的选择

在实际码垛作业中，关节式码垛机器人应用最多，且多为 4 轴结构。码垛机器人一般安装在底座上，其位置的高低由生产线高度、托盘高度及码垛层数共同决定。

以 ABB IRB 460 型码垛机器人为例，它具有码垛速度快、占地面积小等优点，其码垛作业占地面积比一般码垛机器人大约减少 20%。此外，德国 KUKA 公司推出的精细化码垛机器人 KR 180-2 PA Arctic，可在 −30℃ 条件下以 180 kg 的全负荷进行工作，且不需要防护罩和额外加热装置，创造了码垛机器人低温工作的极限。

2. 末端执行器的选择

码垛机器人的末端执行器又称手爪，它是夹持工件移动的一种装置，其原理结构与搬运机器人所用末端执行器类似，常见形式有夹板式、抓取式、组合式，可根据搬运作业的具体任务进行选择。

1）夹板式手爪

夹板式手爪是码垛过程中最常用的一类手爪，主要用于整箱或规则盒的码垛作业，其夹持力度较大，可一次码一箱（盒）或多箱（盒），且两侧板光滑，不会损伤码垛产品的外观。

2）抓取式手爪

抓取式手爪可灵活适应不同形状和内含物（如大米、水泥等）物料的码垛作业。例如，与 ABB 公司 IRB 460 型和 IRB 660 型码垛机器人配套的即插即用型 Flex-Gripper 抓取式手爪，采用不锈钢制作，可胜任极端条件下的各种码垛作业。

3）组合式手爪

通过各种手爪的组合来获得各种优势的手爪称为组合式手爪，其灵活性较大，各种手爪之间既可单独使用又可配合使用，可适应多种形式的码垛作业。

码垛机器人的手爪一般由单独外力进行驱动，需要连接相应的外部信号控制器及传感器，以控制其实时的动作状态及夹紧力大小。码垛机器人手爪的驱动方式多为气动驱动或液压驱动。

知识链接

通常在保证相同夹紧力的情况下，气动驱动比液压驱动负载轻、成本低、干净卫生，故在实际码垛作业中，以气动驱动居多。

笔记

5.2.3 码垛机器人的外围设备与布局

码垛机器人在码垛作业时，还需要一些起辅助作用的外围设备。同时，为节约生产空间，合理的空间布局也很重要。

1. 码垛机器人的外围设备

目前，码垛机器人常用的外围设备有金属检测机、重量复检机、自动剔除机、倒袋机、整形机、待码输送机、传送带等装置。

（1）金属检测机：对于某些物品（如食品、药品等）的码垛作业，为防止在生产制造过程中混入金属异物，需要金属检测机进行流水线检测。

（2）重量复检机：在自动化码垛作业中，重量复检机具有重要作用，它不仅可以检测出前面工序中是否有漏装、多装，还能对合格品、欠重品、超重品进行统计，进而控制产品质量。

（3）自动剔除机：一般安装在金属检测机和重量复检机之后，主要用于剔除含金属异物及重量不合格的产品。

（4）倒袋机：将输送过来的袋装码垛物按照预定程序进行输送、倒袋、转位等操作，以使袋装码垛物按照流程进入后续工序。

（5）整形机：主要对袋装码垛物的外形进行整理。经整形机整形后，袋装码垛物内可能存在的积聚物会均匀分散，以便后续工序的进行。

（6）待码输送机：自动化码垛机器人生产线的专用输送设备，可将待码垛物聚集起来，以便码垛机器人的末端执行器抓取。

（7）传送带：自动化码垛机器人生产线上必不可少的一个环节，针对不同的作业条件，可选择不同形式的传送带，有斜坡式和转弯式两种。

2. 码垛机器人的布局

为提高生产效率、节约场地，在实际生产中，码垛机器人常见的布局形式主要有全面式码垛和集中式码垛两种。

（1）全面式码垛：码垛机器人安装在生产线末端，可针对一条或两条生产线。这种布局具有输送线成本低、占地面积小、灵活性大、生产量高等优点。

（2）集中式码垛：码垛机器人被集中安装在某一区域。这种布局可将所有生产线生产的货物集中在一起，具有较高的输送线成本，但能够节省生产区域资源，节约人员维护成本，一人便可全部操纵。

5.3 焊接机器人

焊接机器人是从事焊接作业的工业机器人，可分为点焊机器人和弧焊机器人两种。人工焊接对工作人员有很大伤害，而且焊接质量无法保证。焊接机器人安装面积小、工作空间大、示教简单，能够保证焊接质量，常用于汽车制造、通用机械、金属结构等许多加工制造行业中。

5.3.1 焊接机器人的工作内容及特点

1. 焊接机器人的工作内容

弧焊机器人主要是根据焊接对象的性质及焊接工艺的要求进行电弧焊接。常见的弧焊工艺有熔化极活性气体保护焊（MAG焊）、熔化极惰性气体保护焊（MIG焊）、埋弧焊等。

点焊机器人主要是根据焊接对象的性质及焊接工艺的要求进行点焊操作。点焊过程包括以下三步。

（1）预先施压，保证工件接触良好。

（2）接通电源，使焊接接触面处形成熔核及塑性环。

（3）断电锻压，使熔核在压力作用下冷却结晶，形成组织致密、无缩孔裂纹的焊点。

2. 焊接机器人的特点

焊接机器人具有生产效率高、焊接产品质量高、安全性和可靠性高等特点，可改善工人的劳动条件，实现24 h连续生产，确保产品质量的稳定性与均一性。

5.3.2 焊接机器人的硬件基础

弧焊机器人的硬件基础主要包含弧焊机器人的选择、弧焊电源的选择、焊枪的选择和送丝机构的选择；点焊机器人的硬件基础主要包含点焊机器人的选择、点焊钳的选择和点焊控制器的选择。这里以点焊机器人为例，介绍焊接机器人的硬件基础。

1. 点焊机器人的选择

选择点焊机器人时，应注意以下几点。

（1）必须使点焊机器人实际可到达的工作空间大于焊接所需要的工作空间。

（2）点焊速度与生产线速度必须匹配。首先由生产线速度及待焊点数确定单点工作时间，点焊机器人的单点焊接时间（含加压、通电等）必须小于此值，即点焊速度应大于或等于生产线速度。

（3）应选择内存容量大、示教功能全、控制精度高的点焊机器人。

（4）点焊机器人要有足够的负载能力，其负载能力取决于所用焊钳的形式。对于采用变压器分离式焊钳的点焊机器人，其负载能力应为 30～45 kg；对于采用一体式焊钳的点焊机器人，其负载能力应在 70 kg 左右。

（5）点焊机器人应具有与点焊控制器通信的接口。若是由多台点焊机器人构成的柔性点焊生产系统，点焊机器人还应具有网络通信接口。

2. 点焊钳的选择

点焊钳作为点焊机器人的执行工具，对点焊机器人的使用性能有很大影响。若点焊钳选择不合理，将直接影响点焊机器人的操作效率，同时还会对点焊机器人的安全运行产生很大影响。根据结构形式与用途的不同，点焊钳可分为 X 型和 C 型两种类型。X 型点焊钳主要用于焊接水平及近于水平的焊缝，如图 5-4（a）所示；C 型点焊钳主要用于焊接垂直及近于垂直的焊缝，如图 5-4（b）所示。

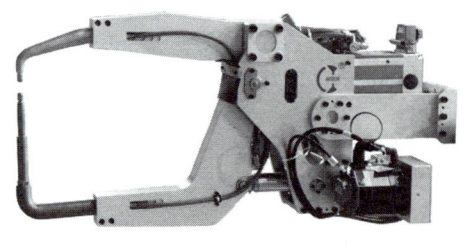

（a）X 型点焊钳　　　　　　　　　　（b）C 型点焊钳

图 5-4　点焊钳的类型

点焊机器人的点焊钳必须从生产需求和操作特点出发，结构上应满足生产和操作要求，其选择的基本原则主要有以下三点。

（1）根据工件的材质和板厚，确定点焊钳电极的最大短路电流和最大施加压力。

（2）根据工件的形状和焊点在工件上的位置，确定点焊钳钳体的结构参数和工作参数。

（3）综合工件上所有焊点的位置分布情况，确定点焊钳的类型。

在满足以上条件的情况下，应尽可能地减小点焊钳的重量，有利于提高点焊机器人的生产效率。

视野拓展

> 通常 C 型单行程点焊钳、C 型双行程点焊钳、X 型单行程点焊钳和 X 型双行程点焊钳比较常用。

3. 点焊控制器的选择

点焊控制器是对时间、电流、压力三大焊接条件进行合理控制的装置，其主要功能是完成点焊过程中焊接参数输入、焊接程序控制、焊接电流控制及焊接系统故障自诊断，并实现与点焊机器人控制器的通信。

在实际应用中，通常根据焊接材料选择点焊控制器。

（1）黑色金属工件的焊接一般选择交流式工频控制器。

（2）有色金属工件的焊接一般选择大电容储能式控制器。

（3）需要高精度、高标准焊接的特殊合金材料可选择逆变式电阻焊机。

5.3.3 焊接机器人的外围设备与布局

焊接机器人在焊接作业时，还需要一些起辅助作用的外围设备，同时合理的空间布局也很重要。这里以点焊机器人为例，介绍焊接机器人的外围设备与布局。

1. 点焊机器人的外围设备

点焊机器人常用的外围设备有高速电极修磨机、电极压力测试仪、点焊控制器专用电流表等，如图 5-5 所示。

（a）高速电极修磨机

（b）电极压力测试仪

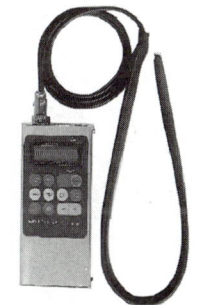
（c）点焊控制器专用电流表

图 5-5 点焊机器人常用的外围设备

（1）高速电极修磨机：主要用于对电极进行打磨。当连续进行点焊操作时，电极顶端会被加热，使其氧化加剧，接触电阻增大，特别是当焊接铝合金及带镀层的钢板时，容易发生镀层物质的黏着。因此，需要在焊接过程中定期打磨电极顶端，除去电极表面的污垢，同时还需要对电极顶端进行整形，使电极顶端的形状与初始时的形状保持一致。

（2）电极压力测试仪：主要用于焊钳的电极压力校正。在点焊过程中，为了保证焊接质量，需要定期测量焊钳的电极压力。

（3）点焊控制器专用电流表：主要用于测量点焊控制器的二次侧短路电流，以便对设备进行维护。由于焊接电流在短时间内高电流导通，因此使用普通电流计是无法测量的，需要使用点焊控制器专用电流表。

2. 点焊机器人的布局

点焊机器人的布局形式主要有单工作站布局、环形工作站布局、多工作站串联布局三种。

（1）单工作站布局：通常包含一台点焊机器人和一个或多个固定的工作台，其结构简单、成本低，点焊机器人可以在工作台上进行多种焊接操作，适用于焊接任务相对固定、工件尺寸适中的生产环境。

（2）环形工作站布局：点焊机器人和工件在一个环形的工作台上移动，实现连续的焊接操作，适用于批量小、品种多的生产环境。

（3）多工作站串联布局：由多个焊接工作站串联而成，每个工作站配置一台或多台点焊机器人，工件通过输送线在不同工作站之间移动，适用于大规模、流水线式的生产环境。

笔记

5.4 装配机器人

按照规定的技术要求，将若干个零件组合成部件或将若干个零件和部件组合成产品的过程，称为装配作业。装配机器人是为完成装配作业而专门设计的工业机器人。目前，装配机器人主要用于各种电器、电动机、汽车、计算机等产品及其组件的装配。

5.4.1 装配机器人的工作内容及特点

1. 装配机器人的工作内容

装配机器人的工作内容主要包括识别零件、抓取零件、对齐零件、安装零件、检查与调整等一系列子任务。

（1）识别零件：装配机器人通过传感器识别待装配零件，为后续工作任务做好准备。

（2）抓取零件：装配机器人使用工具夹持待装配零件，并将其移动到正确的位置。

（3）对齐零件：装配机器人将待装配零件对齐到正确的位置，以便进行下一步的安装。

（4）安装零件：装配机器人使用工具将待装配零件安装到正确的位置，并进行拧紧等操作。

（5）检查与调整：装配机器人检查待装配零件安装是否正确，并进行必要的调整。

2. 装配机器人的特点

装配机器人与一般工业机器人相比，具有精度高、柔性好、工作空间小、适配性好等特点。在工业生产中，使用装配机器人可以保证产品质量，降低生产成本，提高生产自动化水平。

5.4.2 装配机器人的硬件基础

装配机器人的硬件基础主要包括装配机器人的选择、末端执行器的选择、传感器的选择等。

1. 装配机器人的选择

在选择装配机器人时，应保证装配机器人具有较高的速度（加速度）和较高的定位精度，包括重复定位精度和准确度。由于装配作业种类繁多，特点各不相同，因此还要考虑装配作业的特点。

从装配作业的统计数据来看，插装作业约占装配作业的85%，如将销、轴、电子元件管脚等插入相应的孔，将螺钉拧入螺孔等。因此，根据臂部运动形式的不同，装配机器人可分为直角坐标型、垂直多关节型、平面关节型和并联关节型等。

2. 末端执行器的选择

装配机器人的末端执行器是装配机器人腕部末端机械接口所连接的用于直接夹持工件的夹具，类似于搬运、码垛机器人的末端执行器。装配机器人常见的末端执行器类型有吸附式、夹钳式、专用式、组合式等，应根据不同的装配作业和应用场景进行选择。

（1）吸附式末端执行器：结构相对比较简单的一类末端执行器，如图 5-6 所示。吸附式末端执行器价格便宜，广泛应用于电视、鼠标等轻小物品的装配场合。

（2）夹钳式末端执行器：装配作业中最常用的一类末端执行器，如图 5-7 所示。夹钳式末端执行器多为气动或由伺服电动机驱动，采用闭环控制且配备传感器，可实现准确的启动、停止、调速控制，并能对外部信号做出准确反应。

图 5-6　吸附式末端执行器

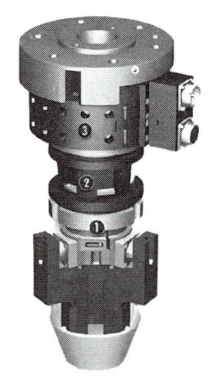
图 5-7　夹钳式末端执行器

（3）专用式末端执行器：针对某一类装配场合而单独设计的末端执行器，如图 5-8 所示。专用式末端执行器多为气动或由伺服电动机驱动，且部分带有磁力，常用于螺钉、螺栓的装配。

（4）组合式末端执行器：通过各种形式末端执行器的组合，来获得各种优势的一类末端执行器，如图 5-9 所示。组合式末端执行器灵活性较大，多用于需要多台装配机器人相互配合来完成装配作业的场合，可以大幅节约时间、提高效率。

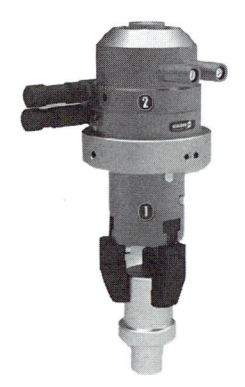
图 5-8　专用式末端执行器

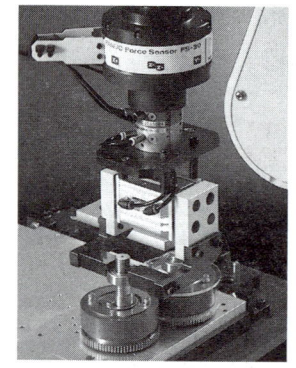
图 5-9　组合式末端执行器

3. 传感器的选择

带有传感器的装配机器人可以获取装配机器人与环境、装配对象间相互作用的信息，能更好地适应装配对象并进行柔性装配作业。装配机器人经常使用的传感器有视觉传感器、触觉传感器、接近觉传感器、力觉传感器和滑觉传感器等。

> **视觉传感器**：主要用于获取足够信息量的原始图像，通过零件平面测量、形状识别等行为，完成零件的位置补偿、零件残次品的判别和确认等。

> **触觉传感器**：主要用于判断装配机器人是否接触到外界物体或感知被接触物体的硬度特征。
> **接近觉传感器**：主要用于感觉近距离的对象或障碍物，同时检测出与物体的距离、相对倾角，甚至对象的表面特性，以防止碰撞，实现无冲击接近和抓取操作。
> **力觉传感器**：不仅用于末端执行器与环境作用过程中力的测量，还用于装配机器人自身的运动控制和末端执行器夹持物体时夹持力的测量。
> **滑觉传感器**：主要用于判断装配机器人抓握物体时物体是否产生滑移，并测量物体产生的滑移量。

5.4.3 装配机器人的外围设备与布局

装配机器人进行装配作业时，除了需要装配机器人、末端执行器和传感器外，还需要一些起辅助作用的外围设备。同时，为提高生产效率，装配机器人和外围设备的合理布局也至关重要。

1. 装配机器人的外围设备

装配机器人常见的外围设备有零件供给装置和工件输送装置等。

1）零件供给装置

零件供给装置的主要作用是提供装配作业所需要的零件，保证装配机器人能逐个正确地抓取待装配零件，使装配作业正常进行。目前应用最多的零件供给装置主要是给料器和托盘。

（1）给料器：用振动或回转机构将零件排齐，并逐个送到指定位置，通常用来输送小零件。

（2）托盘：用来输送大零件或容易损坏划伤的零件。托盘能按照一定的精度要求将零件送到指定位置，然后再由装配机器人逐个取出。但由于托盘容纳量有限，因此在实际装配作业中往往用托盘自动更换机构来满足生产需求。

2）工件输送装置

工件输送装置的主要作用是将工件搬运到各作业地点。工件输送装置通常采用传送带，使工件随传送带一起运行，并借助传感器或限位开关实现传送带和托盘的同步运行，方便装配。

🔧 钢骨匠魂

> 在一条自动化装配线上，工业机器人正灵巧地舞动着机械臂装配一款精密仪器。该装配过程的顺利完成，不仅依靠工业机器人高精度的末端执行器，还离不开周围默默工作的"伙伴"：传送带如同恪尽职守的"物流专员"，确保每一个工件准时抵达；视觉传感器如同明察秋毫的"质量检察官"，进行着毫厘不差的定位复核；多工位夹具如同可靠的"舞台装置"，为每一步操作提供稳固的支撑。
>
> 这个高效的装配过程生动地诠释了现代工业的深层逻辑：真正的卓越，并非依赖单一环节的顶尖性能，而在于所有单元能够为了共同的目标，在精准的协同中各展其长、彼此成就。这启示我们，培养顾全大局的系统思维与协同共进的团队精神，是现代工程师应对复杂挑战的必然要求。

2. 装配机器人的布局

在实际生产中，常见的装配机器人布局形式有回转式布局和线式布局。

1）回转式布局

回转式布局是指将装配机器人聚集在一起进行多工位配合装配，也可进行单工位装配，灵活性较大，可针对一条或两条生产线，具有较小的输送线成本和占地面积，广泛应用于大、中型工件的装配作业。

2）线式布局

线式布局是指将装配机器人排布于生产线的一侧或两侧，具有生产效率高、装配资源利用率高、人员维护成本低等优点，一个人便可监视全线装配作业，因此广泛应用于小型工件的装配作业。

 品于行，创于新

世界首创的焊接"特种兵"

提高科技成果转化水平是科技创新和产业创新对接的"关口"，也是新质生产力转化的关键。某科技公司正以其独特的焊接机器人，引领着一股智能制造的新潮流。

"这是我们自主研发的无导轨全位置爬行焊接机器人，我们称它为小黑，它是世界首创、中国原创的科技成果，适用于在户外复杂环境中进行大型结构件的自动化焊接。"在该公司的科技展厅内，相关负责人介绍道。

走近一看，小黑约30 kg，如特种兵一般，吸附在储罐模拟体外壁，工作人员远程操控，轻按几个按钮，小黑就绕着外壁自动作业。它采用永磁吸附技术，不需要铺设轨道，也不需要人工示教，能够自动识别路径。在大型结构件上，它能边爬边焊，可让油气化工领域的储罐、球罐类压力容器的焊接效率提升3～5倍。

目前，小黑已在船舶制造、油气化工、建筑钢构、轨道交通、能源电力、核电工程等领域取得颠覆式的创新成果，并在中船、中石化、中核等大型国企、央企的多个重点战略项目中得到应用，产品在细分市场中也保持领先水平。

怀山之水，必有其源。小黑的技术来源与我国著名焊接工程专家潘院士的研究密不可分。20多年前，在一次合金钢球罐焊接现场，潘院士看到工人要从罐体底部60 cm的入孔钻入罐体内部，在密闭空间里进行高处作业。此外，罐体需要加热到120℃左右，为防止受伤，工人要穿厚厚的防护服，每10 min就要出来一下，救护车也在现场随时待命。如此艰苦的作业场景深深触动了这位科研工作者的心，也让他给自己定了个目标。

潘院士希望发明一个产品，能将工人从现有的焊接作业环境中解放出来。潘院士的关门弟子、清华大学冯博士继承潘院士夙愿，希望将其发明创造推向全国，乃至世界。因此，他创立了该科技公司，并一步一个脚印，将二十多年的技术沉淀，带出实验室，落地为产品，实现产业化。

"希望在2030年前后，我们能成为大型结构件自动化焊接领域的世界第一，并将智能焊接机器人打造为国家名片，颠覆传统工业户外作业模式，让工人安全、高效、轻松、体面地工作，提升幸福指数。"相关负责人表示。

（资料来源：黄艳、金蕾欣，《世界首创的焊接"特种兵"》，人民网，2024年5月31日）

项目实训——根据实际应用确定工业机器人的硬件组成

学习完本项目的相关知识，请大家根据实际的工件情况、生产要求和作业环境条件等，确定工业机器人的硬件组成。

1. 案例分析

要求工业机器人能够搬运圆柱、正六棱柱、椭圆柱和正四棱柱 4 种形状的工件，工件均为非金属材质，如图 5-10 所示。

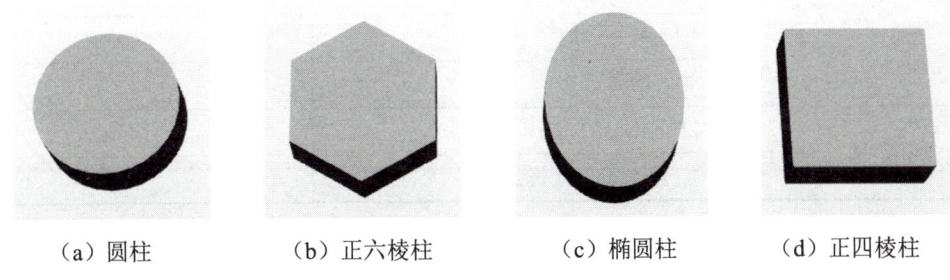

（a）圆柱　　　　（b）正六棱柱　　　　（c）椭圆柱　　　　（d）正四棱柱

图 5-10　搬运工件的形状

（1）工件情况：圆柱形工件的直径为 28 mm，正六棱柱形工件的底面边长为 16 mm，椭圆柱形工件的底面长轴为 35 mm、短轴为 25 mm，正四棱柱形工件的边长为 27 mm，并且这些工件的厚度均为 10 mm，质量为 1.5～2 kg。

（2）生产要求：要求工业机器人能够在 40 s 内完成 16 个工件的搬运作业，即要求工业机器人的拾料节拍要大于 2.5 s。

（3）作业环境条件：环境温度为 5～45℃，电源电压为 220 V。

1）工业机器人的选择

为完成 4 种形状工件的搬运作业，并满足生产要求和作业环境条件，应选择合适的工业机器人。通过查找相关资料，选择型号为 ABB IRB 120-3/0.6 的工业机器人，具体参数如表 5-3 所示。

表 5-3　ABB IRB 120-3/0.6 工业机器人的具体参数

品牌型号	ABB IRB 120-3/0.6
工作范围	580 mm
有效负载	3 kg
手臂负载	0.3 kg
重复定位精度	0.01 mm
安装方式	任意角度
底座尺寸	180 mm × 180 mm
工业机器人高度	700 mm
工业机器人重量	25 kg

表 5-3（续）

轴运动范围	轴 1 旋转运动	−165°～165°
	轴 2 手臂运动	−110°～110°
	轴 3 手臂运动	−90°～70°
	轴 4 手腕运动	−160°～160°
	轴 5 弯曲运动	−120°～120°
	轴 6 翻转运动	−400°～400°
轴最大速度	轴 1 旋转运动	250（°）/s
	轴 2 手臂运动	250（°）/s
	轴 3 手臂运动	250（°）/s
	轴 4 手腕运动	320（°）/s
	轴 5 弯曲运动	320（°）/s
	轴 6 翻转运动	420（°）/s
1 kg 拾料节拍	25 mm×300 mm×25 mm	0.58 s
	加速时间 0～1 m/s	0.07 s

2）末端执行器的选择

由于所搬运的工件均为非金属材质，都具有平整的表面，而且没有定位孔和抓取位置，因此可选用真空吸盘作为末端执行器，通过吸附的方式来搬运工件。根据工件的尺寸和质量，应选用直径为 20 mm 的真空吸盘。

2. 实训拓展

现在需要进行汽车门板的焊接作业，已知板厚为 2 mm，焊点数量为 22 个，焊点直径为 6 mm，要求工业机器人能在 50 s 内完成 22 个焊点的焊接，且焊点周围平滑、无明显的凸起或由局部挤压造成的表面鼓起、无毛刺等，焊点表面无熔化或黏附的杂质及裂纹等。环境温度为 5～45℃，电源电压为 220 V。请大家根据上述要求选择合适的工业机器人，并根据焊接作业要求选择合适的点焊钳。

项目综合考核

1. 填空题

（1）搬运机器人的工作内容包括抓取工件、_____、_____等一系列子任务。

（2）码垛机器人常用的外围设备有_____、_____、_____、倒袋机、整形机、待码输送机、传送带等装置。

（3）根据结构形式与用途的不同，点焊钳可分为_____型和_____型两种。

（4）常见的装配机器人末端执行器类型有吸附式、_____、_____、组合式等类型。

（5）常见的装配机器人布局有_____布局和_____布局。

2. 选择题

（1）下列选项中不属于搬运机器人常用外围设备的是（　　）。

　　A．输送线系统　　　　　　　　B．整形机
　　C．传感器　　　　　　　　　　D．PLC 控制柜

（2）（　　）是码垛过程中最常用的手爪，主要用于整箱或规则盒的码垛作业。

　　A．夹板式手爪　　　　　　　　B．抓取式手爪
　　C．组合式手爪　　　　　　　　D．以上都不是

（3）（　　）的主要作用是提供装配作业所需要的零件，保证装配机器人能逐个正确地抓取待装配零件，使装配作业正常进行。

　　A．搬运辅助装置　　　　　　　B．工件输送装置
　　C．真空发生装置　　　　　　　D．零件供给装置

3. 简答题

（1）选择搬运机器人的末端执行器时，应从哪些方面进行考虑？

（2）选择点焊钳的基本原则是什么？

（3）常见的装配机器人布局形式有哪些？不同布局的应用场景是什么？

项目综合评价

各小组成员配合指导教师完成如表 5-4 所示的学习成果评价表。

表 5-4 学习成果评价表

班级		组号		日期	
姓名		学号		指导教师	
项目名称		认识工业机器人典型应用			
评价项目	评价内容		评价方式	满分/分	评分/分
知识（40%）	掌握搬运机器人、码垛机器人、焊接机器人、装配机器人的工作内容及特点		理论测试	15	
	掌握搬运机器人、码垛机器人、焊接机器人、装配机器人硬件基础的相关知识			13	
	了解搬运机器人、码垛机器人、焊接机器人、装配机器人的外围设备与布局			12	
技能（40%）	能够根据具体的作业要求选择合适的工业机器人		实践操作	20	
	能够根据具体的作业要求为工业机器人选择合适的末端执行器			20	
素质（20%）	遵守课堂纪律，认真学习和讨论		综合评判	6	
	认真负责，按时完成学习、实践任务			4	
	与组员团结合作、互相帮助			4	
	服从指挥，遵守课堂纪律			4	
	具有安全责任意识和创新思维			2	
合计				100	
自我评价					
指导教师评价					

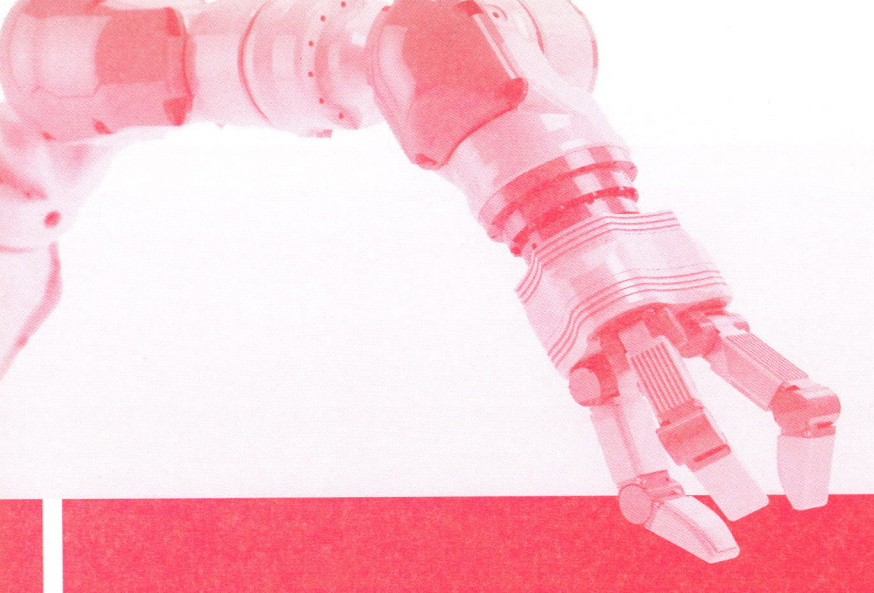

项目 6
维护与保养工业机器人

项目导读

工业机器人的维护与保养是确保其高效稳定运行的重要环节。通过定期清洁、紧固、润滑,以及故障诊断与维修等一系列措施,不仅能有效延长工业机器人的使用寿命,减少故障发生,还能提高生产效率和产品质量。

知识目标

- 了解工业机器人的应用环境要求和基本安全操作规范。
- 掌握工业机器人安全设备的使用规范。
- 掌握工业机器人的维护与保养规范。
- 掌握工业机器人的维护与保养内容。

技能目标

- 能够根据规范维护与保养工业机器人。
- 能够根据实际情况完成恰当的维护与保养操作步骤。

素质目标

- 培育崇尚技能、求实创新的职业品质。
- 养成恪尽职守、开拓进取的工作作风。

项目工单——维护与保养示教器

1. 项目描述

本项目要求学生以小组为单位,详细了解工业机器人的基本安全操作规范、维护与保养的规范和内容,并根据规范进行示教器的维护与保养,将维护与保养的重要操作步骤记录下来。

2. 小组分工

学生以 3~5 人为一组,选出组长并进行小组分工,将小组概况及分工填入表 6-1 中。

表 6-1 小组概况及分工

小组成员	姓名	学号	分工
组长			
组员			

3. 小组讨论

在开展活动前,请各组组长组织组员学习相关资料,讨论下列引导问题。

引导问题 1:简述工业机器人的基本安全操作规范。

引导问题 2:简述工业机器人的维护与保养规范。

引导问题 3:简述工业机器人的维护与保养内容。

4. 工作记录

以小组为单位进行相关知识的学习,了解工业机器人的维护与保养。学生可通过项目实训"维护与保养示教器"来巩固自己所学的知识,并将实训内容、实训过程中遇到的问题和解决办法记录在表6-2中。

表6-2 工作记录表

序号	实训内容	实训过程中遇到的问题和解决办法

项目引入

工业机器人的维护与保养对于现代制造业来说至关重要。以某汽车制造厂为例，该汽车制造厂引进了一批先进的工业机器人，用于自动化生产线上的焊接、装配等工序。随着自动化生产线的持续运行，这批工业机器人出现了一些小问题，如运行速度变慢、精度下降等。为了避免这些问题影响生产效率和产品质量，该汽车制造厂决定对工业机器人进行维护与保养，包括更换磨损部件、紧固松动连接、清洁和润滑关键部位等。

通过维护与保养，这批工业机器人的性能得到了显著提升，运行更加稳定，故障率大大降低，为该汽车制造厂创造了更高的效益。本项目主要介绍工业机器人的应用环境要求、基本安全操作规范、安全设备的使用规范、维护与保养规范、维护与保养内容等相关知识。

6.1 工业机器人的应用环境要求

工业机器人作为一种高度自动化的设备，其安全、高效、稳定的运行依赖于特定的应用环境。符合应用环境要求是确保工业机器人发挥效能的关键。

6.1.1 工业机器人的应用场景

工业机器人可代替人去做一些简单重复、对人体有危害的工作，应用十分广泛，目前主要应用于以下场景。

（1）搬运、装配等。
（2）弧焊、点焊、激光焊接等。
（3）喷涂、切割、铸造等。
（4）去毛刺、清洗等。

6.1.2 工业机器人的限制应用环境

工业机器人的限制应用环境主要包括以下几个方面。
（1）易燃、易爆的环境。
（2）水中或高湿度的环境。
（3）无线电干扰的环境。
（4）运输人或动物的环境。
（5）其他与工业机器人制造商推荐的安装、使用不一致的环境等。

6.2 工业机器人的基本安全操作规范

遵守安全操作规范是确保工业机器人安全运行的基本要求。只有严格按照相关规范进行维护与保养，才能保证工业机器人的稳定运行与操作人员的人身安全。

6.2.1 基本安全操作规范

操作人员必须穿适用于作业内容的工作服和安全鞋，佩戴安全帽、防护眼镜、防毒面具等，并在安全保护区域内进行工业机器人的示教、维护与保养。

工业机器人的
基本安全操作规范

在维护与保养过程中，工业机器人的基本安全操作规范涉及多个方面，主要内容包括以下几点。

（1）在进行维护与保养前，应先关闭工业机器人并断开电源。
（2）在清理工业机器人内部时，应小心操作，避免损坏电路板或连接线路。
（3）在润滑关键部件时，应适当润滑，避免过度润滑。
（4）在进行校准和调整时，应参照工业机器人的用户手册或制造商提供的说明书。
（5）在启动工业机器人前，要确保维护与保养操作已完成，并进行简单的功能测试。
（6）在调试与运行时，由于工业机器人可能会执行一些意外或不规范的动作，因此操作人员必须时刻警惕，与工业机器人保持安全距离。

6.2.2 工业机器人的专业培训内容

凡是从事与工业机器人相关工作的操作人员必须进行严格的专业培训，培训内容不得少于以下几点。

（1）工业机器人的安全操作知识。
（2）工业机器人的构造与功能介绍。
（3）工业机器人与外围设备的接口介绍。
（4）工业机器人定期检查和更换消耗品的介绍。
（5）工业机器人基本操作的介绍与实践。
（6）工业机器人自动运行方式的介绍与实践。
（7）工业机器人坐标设置的介绍与实践。
（8）工业机器人编程概要和程序实例的介绍与实践。
（9）工业机器人发生故障时检查事项的介绍与实践。
（10）工业机器人报警复位和零点复位的介绍与实践。
（11）工业机器人备份的介绍与实践。
（12）工业机器人初始化设置的介绍与实践。
（13）工业机器人控制器的介绍与实践。
（14）根据报警代码发现故障并维修工业机器人的介绍与实践。
（15）工业机器人装配与拆卸的介绍与实践。

6.3 工业机器人安全设备的使用规范

为保证现场操作人员与设备的安全，在操作现场需要设置一些安全设备，如安全栅栏、安全门等。常用安全设备的使用规范如下。

6.3.1 安全栅栏的使用规范

安全栅栏的使用规范如下。
（1）必须能阻挡可预见的操作及冲击。
（2）不能有尖锐的边缘及凸出物。
（3）不能是危险源。
（4）要安全接地。
（5）要固定在一个地方，不易移动。
（6）在工业机器人最大移动范围外应留有足够的距离。
（7）不妨碍查看生产过程。
（8）不打开互锁设备就无法进入非安全保护区域。

6.3.2 安全门与插销的使用规范

安全门与插销的使用规范如下。
（1）只有安全门关闭时，工业机器人才可以自动运行。
（2）关闭安全门时，不得触发自动运行启动信号。
（3）安全门利用安全插销和插槽来实现互锁。
（4）安全插销和插槽必须选择合适的设备。

知识链接

关于安全门的使用还应注意以下两点。
（1）使用带保护闸的安全设备时，安全门在危险发生前一直保持关闭状态。
（2）如果使用了互锁装置，当工业机器人处于自动运行状态时，打开安全门就能发送停止或急停信号。

6.3.3 其他安全设备的使用规范

其他安全设备的使用规范如下。
（1）当操作人员在非安全保护区域时，不能启动可移动设备。
（2）如果可移动设备已启动，操作人员就不能去非安全保护区域。

（3）安全设备只能通过一些特定操作（如使用专用工具、钥匙等）来调整。

（4）无论哪个部件出现问题，安全设备都能及时阻止可移动设备启动或使可移动设备停止。

> 笔记

6.4 工业机器人的维护与保养规范

按照规范维护与保养工业机器人，可提高工业机器人的使用寿命，同时也可提高工作效率。

6.4.1 维护与保养的要求

工业机器人维护与保养的要求如下。

（1）工业机器人的维护与保养人员必须接受过必要的培训。

（2）要有必要的安全措施保护维护与保养人员。

工业机器人的维护与保养

（3）应尽可能在断开工业机器人电源的状态下进行作业，并根据需要上好锁，以防止他人接通电源。

（4）在不得已需要带电作业时，应按下急停按钮后再作业。

（5）当需要更换部件时，必须先阅读工业机器人的维修说明书，然后在理解操作步骤的基础上进行作业。

（6）进入安全栅栏前，必须先确认没有危险。若在有危险的情况下需要进入安全栅栏时，则必须准确把握工业机器人的状态，小心谨慎进入，如图6-1所示。

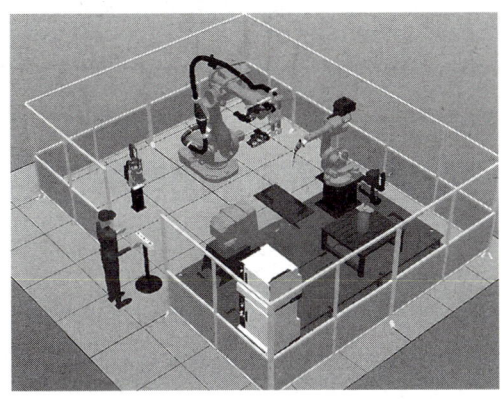

图 6-1　安全栅栏

6.4.2　程序数据备份的要求

工业机器人程序数据备份的要求如下。
（1）工业机器人安装或升级后，需要进行一次程序数据备份。
（2）任何程序或文件被修改后，都要做好程序数据备份。
（3）保存备份程序数据的设备要妥善存放。
（4）要定期对程序数据进行备份。

6.4.3　进入安全保护区域维护的步骤

工业机器人进入安全保护区域维护的步骤如下。
（1）使工业机器人停止运行。
（2）关闭电源，锁住主要的断路器。若工业机器人必须带电进入安全保护区域，则在进入前必须全面检查工业机器人，确保没有安全隐患。
（3）工业机器人进入安全保护区域。
（4）工业机器人维护结束后，应检查安全系统是否有效。若安全系统被维护作业中断，则应将其恢复至初始有效状态。

6.4.4　其他维护与保养工作规范

工业机器人的其他维护与保养工作规范如下。
（1）更换工业机器人的部件时，必须使用工业机器人厂家指定的部件。若使用非指定部件，可能会导致工业机器人误动作或损坏。尤其是熔丝，必须使用指定型号。
（2）拆卸工业机器人的电动机和制动器时，应用专业工具吊装好后再拆除。
（3）维修中，迫不得已必须移动工业机器人时，应注意两点：① 确保有逃生退路，且应在把握整个工业机器人系统的操作情况后再进行操作；② 时刻注意周围是否存在危险，确保可以随时按下急停按钮。

（4）维修或维护工业机器人后，必须将安全栅栏内洒落的油、水、碎片等彻底清理干净。

（5）作业过程中，不能攀爬工业机器人。

（6）维修工业机器人的气动系统时，务必释放供气压力，当管内压力降到零后才能开展工作。

（7）更换工业机器人的部件时，应注意避免灰尘进入工业机器人内部。

6.5 工业机器人的维护与保养内容

工业机器人在长期运行过程中，由于部件磨损、自然腐蚀和其他原因，技术性能将有所下降。长期缺乏必要的维护与保养，不仅会缩短工业机器人的使用寿命，还会影响生产安全和产品质量。因此，要定期维护与保养工业机器人。工业机器人维护与保养的周期和项目如表6-3所示。

表6-3 工业机器人维护与保养的周期和项目

周期	项目
日常	检查振动、声音、电动机温度是否正常
	检查周边环境设备是否可以正常工作
	检查每根轴的抱闸是否可以正常工作
三个月	检查控制器的电缆
	检查控制器的通风
	检查连接工业机器人的电缆
	检查机器上的盖板和各种附件是否拧紧
	清除机器上的灰尘和杂物
	检查接插件的固定情况
半年	更换平衡块轴承的润滑油，其他参见三个月维护与保养的内容
一年	更换工业机器人本体上的电池，其他参见半年维护与保养的内容
三年	更换工业机器人减速器上的润滑油，其他参见一年维护与保养的内容

工业机器人维护与保养的主要工作包括定期检查、清洗末端执行器、清洗腕部、维护与保养基座固定螺钉、维护与保养控制器、维护与保养示教器、清洗或更换滤布、更换润滑油、更换电池、检查冷却器等方面。

6.5.1 定期检查

维护与保养人员要对工业机器人的各个部位进行定期检查、清洁和维护。定期检查工业机器人时，应注意以下几点。

（1）通电前，检查是否有油从工业机器人各密封关节处渗透出来，如发现严重漏油，应通知维修人员进行维修。

（2）通电后，检查工业机器人的振动、声音及电动机温度等情况，确认各轴在没有异常振动和声音的情况下平滑运动，且电动机温度没有异常升高。

（3）检查工业机器人的齿轮游隙是否过大，如发现齿轮游隙过大，应通知维修人员进行维修。

（4）检查工业机器人的末端执行器、控制器和吹扫单元之间的电缆是否受损。

6.5.2 清洗末端执行器

工业机器人的末端执行器在工作过程中会积聚灰尘、污渍等杂质，这些杂质不仅影响美观，还可能对末端执行器的性能造成负面影响。因此，应定期清洗工业机器人的末端执行器，如图6-2所示。清洗末端执行器时，应注意以下几点。

图6-2　清洗末端执行器

（1）使用溶剂清洗时需要谨慎操作，避免使用丙酮等强溶剂。

（2）可使用高压清洗设备，但应避免直接向末端执行器喷射清洗剂。

（3）若末端执行器有油脂膜等保护层，则应按要求将其去除。

（4）为防止产生静电，必须使用浸湿或潮湿的抹布擦拭非导电表面。

6.5.3 清洗腕部

应定期清洗工业机器人的腕部，避免灰尘和颗粒物堆积。清洗腕部时，应注意以下两点。

（1）应使用不起毛的抹布进行擦拭。

（2）清洗腕部后，可在腕部表面涂抹少量凡士林或类似物质，便于以后清洗。

6.5.4 维护与保养基座固定螺钉

固定在工业机器人基座上的螺钉必须保持清洁，不可接触酸、碱溶液等腐蚀性液体。若基座固定螺钉上的镀锌层或涂料等防腐蚀保护层受损，则需要清理基座固定螺钉并涂上防腐蚀涂料。

6.5.5 维护与保养控制器

控制器是工业机器人的核心部件，负责接收和处理指令，控制工业机器人的动作。通过定期的维护与保养，可以确保控制器正常运行，避免因故障发生而致生产中断。维护与保养控制器时，应注意以下几点。

（1）应根据环境条件定期清洗控制器内部，如每年一次。
（2）控制器不能靠近热源。
（3）控制器的后面和侧面要留出足够的空隙。
（4）控制器的外面不能覆盖塑料或其他材料，顶部不能放杂物。
（5）控制器冷却风扇的通风口不能堵塞。如果冷却风扇和通风口黏附大量灰尘，会严重影响控制器的有效散热，因此应定期检查和清理。清理冷却风扇和通风口时，要使用除尘刷，并用吸尘器吸走刷下的灰尘。

知识链接

清洗控制器内部时，一定要先切断电源。注意不要用吸尘器直接清理控制器的各部件，否则会引起静电，进而导致部件损坏。

6.5.6 维护与保养示教器

示教器可以进行工业机器人的手动操纵、参数配置等操作。定期维护与保养示教器是确保工业机器人正常运行和延长使用寿命的重要措施。维护与保养示教器时，应注意以下几点。
（1）应根据实际情况以适当的频率清洗示教器。
（2）虽然示教器的面板漆膜能够耐受大部分溶剂的腐蚀，但是仍要避免接触丙酮等强溶剂。
（3）若有条件，在不使用示教器时可将其拆下并放置在干净的场所。

6.5.7 清洗或更换滤布

要定期清洗或更换驱动系统冷却单元的滤布。清洗滤布时，应先在加有清洁剂的温水中清洗 3~4 次，不得拧干，然后放置在平坦表面晾干。更换滤布的操作步骤如下。
（1）先确定驱动系统冷却单元的滤布位置。
（2）提起并取出滤布架。
（3）取下滤布架上的旧滤布。
（4）将新滤布插入滤布架，并将滤布架插入就位。

6.5.8 更换润滑油

一般每三年需要更换工业机器人减速器上的润滑油，对于某些型号的工业机器人，每半年还需要更换平衡块轴承的润滑油。更换润滑油的操作步骤如下。
（1）关闭工业机器人电源。
（2）拔掉出油口的塞子使旧的润滑油全部流出。
（3）从加油嘴处加入润滑油，直到出油口处有新的润滑油流出，停止加润滑油。
（4）让工业机器人加润滑油的轴反复转动一段时间，直到没有润滑油从出油口处流出。
（5）将出油口的塞子重新装好。

6.5.9 更换电池

工业机器人本体上的电池用来保存每根轴编码器的数据。电池需要每年更换，才能使工业机器人正常运行。

（1）当电池需要更换时，消息日志会出现一条电池电量不足的信息。通常该信息出现后电池电量还可维持约 1 800 h，建议上述信息出现时就更换电池。

（2）若不及时更换电池，则会出现报警，此时工业机器人将不能动作。在这种情况下更换电池后还需要进行零点校准，才能使工业机器人正常运行。

6.5.10 检查冷却器

工业机器人的冷却器采用免维护密闭系统设计，需要按要求定期检查和清洗外部空气回路的各个部件。当环境温差较大时，需要定期检查排水口是否能正常排水。

📝 笔记

品于行，创于新

为工业机器人领域培育高素质技术技能人才

为促进工业机器人系统运维技术技能岗位人才和后备人才的培养，广东省举行了工业机器人系统运维技术技能竞赛（以下简称"竞赛"）。

开赛仪式上，该省轻工职业技术学院机电技术学院院长介绍了竞赛的基本情况。他表示，自竞赛启动以来，学院本着"搭建交流平台，校企广泛参与，大赛注重实效"的原则进行筹备和组织，不仅汇聚了职业院校的优秀教师，更吸引了来自行业内诸多企业职工选手。

"要培养大量的高层次、高素质技术技能人才，以赛促教、以赛促学、以赛促改、以赛促建，深化'三教'改革。要通过竞赛舞台，紧贴企业自动化、智能化转型升级需求，打造实际生产场景，加强行业企业和院校的交流，发掘更多高技能人才，加快建设一支知识型、技能型、创新型人才队伍，为地方经济社会和行业企业发展提供人才和技术支撑，创造资源共享、人才共育、合作共赢的有利局面。"该院长说。

比赛按照国家职业技能标准《工业机器人系统运维员》的要求，结合现代企业生产实际和工业机器人技术应用发展状况命题。选手们围绕"实体设备实操"和"虚拟实操"两个模块，"机械系统检查与诊断""电路和气路的检查与诊断""工业机器人运行维护与保养""网络通信调试""工业机器人示教编程""工业机器人运行调试""系统运行监测""职业素养与安全意识"等8个工作任务展开比拼。竞赛中获一等奖前两名的选手被推荐授予了"技术能手"荣誉称号。

（资料来源：朴馨语，《为工业机器人领域培育高素质技术技能人才》，人民网，2023年6月9日）

项目实训——维护与保养示教器

学习完本项目后，相信大家对工业机器人的维护与保养已有了初步了解。示教器是工业机器人控制系统中的重要组成部分，如果示教器表面积聚了灰尘、污渍或其他杂质，那么这可能会影响触摸屏的灵敏度及按键的响应速度，从而影响工业机器人的正常操作。请大家根据相应规范，维护与保养工业机器人的示教器。

（1）拆卸与放置示教器。如果条件允许，将示教器从工业机器人上拆卸下来，放置在干净、无尘的工作台上。注意示教器的放置方式，避免对其造成物理损坏。

（2）清洗示教器。使用柔软的湿布轻轻擦拭示教器的外壳和显示屏，去除灰尘和污渍。若遇到难以去除的污渍，则可以使用除尘刷轻轻刷去。

知识链接

清洗示教器时，应注意以下几点。

① 避免使用丙酮等强溶剂，以防损坏示教器面板。

② 确保在清洗过程中，工业机器人和示教器都已断开电源。

③ 不要将水或清洁剂直接喷洒到示教器的内部或接口处，以防短路或损坏。

（3）擦干与检查示教器。清洗完成后，使用干净的布将示教器擦干，确保没有残留的水分或污渍。然后检查示教器的各个部分，确保没有损坏或异常。

（4）安装与测试示教器。如果之前拆卸了示教器，现在需要将其重新连接到工业机器人上。然后打开电源，测试示教器的各项功能是否正常，包括显示屏的显示、按钮的响应等。

（5）后续维护与保养示教器。定期清洗示教器，保持其外观整洁，以延长使用寿命。如果发现示教器有损坏或异常，应及时联系专业人员进行维修或更换。

实训拓展

工业机器人的末端执行器负责执行各种抓取、搬运、装配等操作，长时间使用后可能会积聚灰尘、污渍等杂质，这些杂质会影响其抓取精度和定位的准确性。请大家参考上述步骤，试着清洗工业机器人的末端执行器，并写明注意事项。

项目综合考核

1. 填空题

（1）更换工业机器人的部件时，必须使用厂家指定的部件，尤其是_____。

（2）注意不要用_____直接清理控制器的各部件，否则会引起静电，进而导致部件损坏。

（3）一般每_____年需要更换工业机器人减速器上的润滑油。

2. 选择题

（1）下列选项中不属于工业机器人限制应用环境的是（　　）。

  A．易燃、易爆的环境   B．水中或高湿度的环境

  C．无线电干扰的环境   D．激光焊接的环境

（2）下列关于工业机器人程序数据备份的要求，不正确的是（　　）。

  A．工业机器人安装或升级后，一般不需要进行程序数据备份

  B．任何程序或文件被修改后，都要做好程序数据备份

  C．保存备份程序数据的设备要妥善存放

  D．要定期对程序数据进行备份

（3）下列关于工业机器人维护与保养的内容，说法不正确的是（　　）。

  A．应定期检查工业机器人的齿轮游隙是否过大

  B．清洗控制器内部时，要先切断电源

  C．可以使用起毛的抹布擦拭工业机器人的腕部

  D．使用溶剂清洗时需要谨慎操作，避免使用丙酮等强溶剂

3. 简答题

（1）安全栅栏的使用规范有哪些？

（2）工业机器人维护与保养的要求是什么？

（3）简述更换滤布的操作步骤。

项目综合评价

各小组成员配合指导教师完成如表 6-4 所示的学习成果评价表。

表 6-4　学习成果评价表

班级		组号		日期	
姓名		学号		指导教师	
项目名称		维护与保养工业机器人			
评价项目	评价内容		评价方式	满分/分	评分/分
知识（40%）	了解工业机器人的应用环境要求		理论测试	5	
	了解工业机器人的基本安全操作规范			5	
	掌握工业机器人安全设备的使用规范			10	
	掌握工业机器人的维护与保养规范			10	
	掌握工业机器人的维护与保养内容			10	
技能（40%）	能够根据规范维护与保养工业机器人		实践操作	20	
	能够根据要求使用安全设备			20	
素质（20%）	遵守课堂纪律，认真学习和讨论		综合评判	6	
	认真负责，按时完成学习、实践任务			4	
	与组员团结合作、互相帮助			4	
	服从指挥，遵守课堂纪律			4	
	具有安全责任意识和创新思维			2	
合计				100	
自我评价					
指导教师评价					

参考文献

[1] 韩智，李国勇，易正贵．工业机器人应用基础［M］．北京：机械工业出版社，2023．

[2] 杨海波．工业机器人应用基础［M］．北京：高等教育出版社，2022．

[3] 张超，王超．ABB工业机器人现场编程［M］．2版．北京：机械工业出版社，2019．

[4] 伊洪良．工业机器人应用基础［M］．北京：机械工业出版社，2017．